物联网工程专业系列教材

嵌入式 Linux 开发技术基础

主 编 伍德雁

副主编 李显宁 欧义发 陈 军 陈新锐

中国水利水电出版社
www.waterpub.com.cn
·北京·

内 容 提 要

本书是嵌入式 Linux 开发的基础教程，介绍了嵌入式 Linux 的概念和相关的开发技术。在编写上注重基础性和可操作性，以应用为驱动，以案例为依托，将理论知识与技能培养相结合。全书共分为 15 章，包括嵌入式系统和嵌入式 Linux 的概念、搭建开发环境、开发基础流程、使用自定义函数、使用多文件、使用 make 管理项目、文件读写、网络通信、驱动程序、控制嵌入式系统的硬件、QT 基础等内容。

本书由从事嵌入式 Linux 开发教学工作多年的教师编写，在组织内容时对广度和深度都做了充分的考虑，尽量做到对嵌入式 Linux 开发既有一个比较全面的介绍，又没有太大的难度。行文风格近似课堂教学，对概念的讲解深入浅出，同时具备较强的可操作性，可用作高等院校物联网专业以及相关专业的教材，也可作为嵌入式 Linux 开发初学者的入门教材。

图书在版编目（CIP）数据

嵌入式Linux开发技术基础 / 伍德雁主编. -- 北京 : 中国水利水电出版社, 2017.6
物联网工程专业系列教材
ISBN 978-7-5170-5514-3

Ⅰ. ①嵌… Ⅱ. ①伍… Ⅲ. ①Linux操作系统－程序设计－高等学校－教材 Ⅳ. ①TP316.85

中国版本图书馆CIP数据核字(2017)第139511号

策划编辑：周益丹　　责任编辑：李　炎　　加工编辑：赵佳琦　　封面设计：李　佳

书　　名	物联网工程专业系列教材 嵌入式 Linux 开发技术基础 QIANRUSHI Linux KAIFA JISHU JICHU
作　　者	主　编　伍德雁 副主编　李显宁　欧义发　陈　军　陈新锐
出版发行	中国水利水电出版社 （北京市海淀区玉渊潭南路 1 号 D 座　100038） 网址：www.waterpub.com.cn E-mail：mchannel@263.net（万水） sales@waterpub.com.cn 电话：（010）68367658（营销中心）、82562819（万水）
经　　售	全国各地新华书店和相关出版物销售网点
排　　版	北京万水电子信息有限公司
印　　刷	三河市鑫金马印装有限公司
规　　格	184mm×260mm　16 开本　12.25 印张　303 千字
版　　次	2017 年 6 月第 1 版　2017 年 6 月第 1 次印刷
印　　数	0001—3000 册
定　　价	28.00 元

前　　言

近年来，随着计算机技术的发展、电子制造技术的微型化以及控制理论的完善，嵌入式技术得到了快速发展，并在各行各业得到了广泛的应用。越来越多的学校开设了与嵌入式系统相关的课程，有些学校甚至开设了嵌入式技术专业。

编者在高等院校从事计算机类课程的教学工作十几年，对嵌入式 Linux 开发课程的教学工作也深有体会。众所周知，IT 行业是一个知识更新换代非常快的行业，编者在教学过程中也需要不断地学习新知识与新技术。在教学和自学的过程中，编者逐渐地发现，“螺旋式学习模型”是掌握一门课程较有效的学习方法之一。

所谓的螺旋式学习模型，是编者借用了软件工程开发模型中知识自定义的学习模型，是指由浅入深，逐渐迭代的学习方法。首先学习课程最基础的知识，对课程有了初步的概念后，再适当增加难度和广度，向前迈进一步，然后如此多次反复，最后对课程的掌握就能达到一个很好的高度。所以，编者每自学一个新的知识，一般都会选择从最基础的学起，再逐渐深入。

每一种学习方法都需要有相应的教材作为配套。所以，编者就想结合自己多年的教学经验和心得，按照“螺旋式学习模型”的思想，编写一本嵌入式 Linux 开发的入门教材。这就是本书编写的初衷。

作为入门教材，本书具有以下特点：

1．简单。本书在组织内容时对广度和深度都做了充分的考虑，尽量做到让初学者对嵌入式 Linux 开发既有一个比较全面的了解，又没有太大的难度。因此，选取了一些相对比较简单的必要的知识，舍弃了烧写系统、进程控制等一些初级阶段较少用或者不用的知识，并在讲解驱动程序时使用了虚拟的硬件，使得初学者既能够理解驱动程序的相关知识，又避开了较难的底层机器指令的操作。

2．行文风格类似课堂讲课，通俗易懂。每一个行业都有大量概念和术语，这些概念和术语对于一个资深从业者而言耳熟能详，但对于初学者来说可能会显得不是那么友好。针对这个问题，本书以类似课堂讲课的风格展开，以通俗易懂的语言解释相关的概念和术语，尽量避免以概念解释概念，以术语解释术语。遇到一些相对比较抽象的概念和术语，书中辅以生活中的现象和例子作类比，以帮助读者理解。

3．具有较强的可操作性。嵌入式 Linux 开发是一门实践性很强的课程，边学习边操作才会有好的效果，对于加强记忆、加深理解和保持兴趣都有很大的帮助。鉴于此，除了纯概念章节外，每章都提供了经典的例子以供读者实践。同时，考虑到部分读者为自学者，除讲解例子本身外，还讲解了必要的操作过程，文字不容易理解的地方还辅以直观的插图，以避免自学者在编辑、编译、运行中的某个环节被卡住而无计可施。

4．章节结构统一。除第 1 章是纯概念的章节外，其余章节基本上按照“总体概念→例子→程序解读”的模式展开，在例子前后穿插必要的操作步骤，在程序解读过程中穿插解释一些必要的术语和概念。

本书精心编写了每一个例子，确保每个例子都能正确无误地运行。并且，从头到尾都在向读者灌输一种好的编程习惯和思想。

为了方便读者上机实验，在没有涉及到嵌入式系统的专用硬件时，本书的例子直接以 PC Linux 为实验平台；只有在涉及到嵌入式系统的专用硬件时，才把程序移植到嵌入式 Linux 上运行。

本书是编者按照自定义的“螺旋式学习模型”，针对初学者和自学者的一次尝试，适合高等院校物联网相关专业、计算机相关专业的在校学生，以及其他自学者、初学者学习使用。

本书在编写过程中参考了作者手头和图书馆能借到的所有相关教材，以及网上大量的相关资料。在此衷心感谢这些教材的编者和出版社、网上资料的创作者、转载者以及相关的网站。

由于编者水平有限，加之时间仓促，书中难免存在不妥和错误之处，敬请广大读者批评指正。

编 者

2017 年 4 月

目　　录

第 1 章　认识嵌入式系统

在今天这个互联网已经延伸到世界每个角落，各种物件越来越聪明的年代，嵌入式系统无处不在。正是因为有了嵌入式系统，世界才越来越智能化，越来越精彩。那么，什么是嵌入式系统？嵌入式系统有着什么样的发展历史？它们有哪些应用？有哪些类型？等等。下面将围绕这些问题来初步认识嵌入式系统。

1.1　什么是嵌入式系统

IEEE（电气和电子工程师协会）对嵌入式系统的定义是这样的："嵌入式系统是控制、监视或辅助机器和设备运行的装置。"国内大多数资料都这样描述嵌入式系统："嵌入式系统是以应用为中心，以计算机技术为基础，软硬件可裁剪，适应应用系统对功能、可靠性、成本、体积、功耗等严格要求的专用计算机系统。"

要理解嵌入式系统，得先从普通计算机下手。我们日常使用的 PC，以及机房里的服务器，都是完整的计算机系统，有独立的主机，有键盘、鼠标等常用输入设备，有显示器、打印机等常用输出设备。同时，它们干的也是通常意义上计算机该干的活，比如服务器对外提供 Web 服务、DNS 服务，PC 进行文档处理、玩游戏、上网等。

随着计算机技术的发展、电子制造技术的微型化以及控制理论的完善，人们越来越不满足于计算机只能干传统的活儿。人们在想能不能把计算机安装到其他设备或机器中，帮助控制或者部分控制设备或机器，通过采集设备或机器的运行数据和环境数据，借助计算机的高速运算，随时调整设备或机器的运行状态，实现设备或机器的自动化、智能化或效率最优化？今天，这个想法已经得到了实现，大家都熟知的汽车电子燃油喷射系统，如图 1-1 所示就是这么一个应用。传统的化油器燃油喷射系统完全依靠驾驶员踩油门打开化油器的进气阀门，空气流过化油器喉管时产生负压，将浮子室内的汽油吸到喉管并随同空气流雾化成可燃混合气。在化油器燃油喷射系统中，油门踩多深，燃油就喷射多少。电子燃油喷射系统则由车载计算机根据各个传感器（进气温度传感器、节气门位置传感器、曲轴位置传感器、水温传感器、氧传感器等）采集的数据来控制燃油喷射。由于发动机的工作状态不同，在不同的情况下，驾驶员把油门踩到同样的深度，电子燃油喷射系统喷射的燃油量是不同的。采用电子燃油喷射技术大大提高了燃油的燃烧效率，降低了发动机的燃油消耗，减少排气污染，同时大大改善了发动机的工况，提高了发动机的热效率，允许发动机采用更高的压缩比，可以减少发动机的爆震倾向。

像汽车的电子燃油喷射系统这样，把一个计算机系统植入到其他设备或机器中，帮助控制或部分控制设备或机器，实现设备或机器的自动化、智能化或效率最优化等目的，这样的一个计算机系统就是嵌入式系统。为了描述方便，我们姑且把被计算机系统植入的设备或机器称为母体。

要深刻理解嵌入式系统，需要注意以下几点：

（1）母体不是一个计算机系统，而是有专门用途的其他设备或机器，比如前面所说的汽车，它的用途是行驶；比如冰箱，它的用途是冷冻。

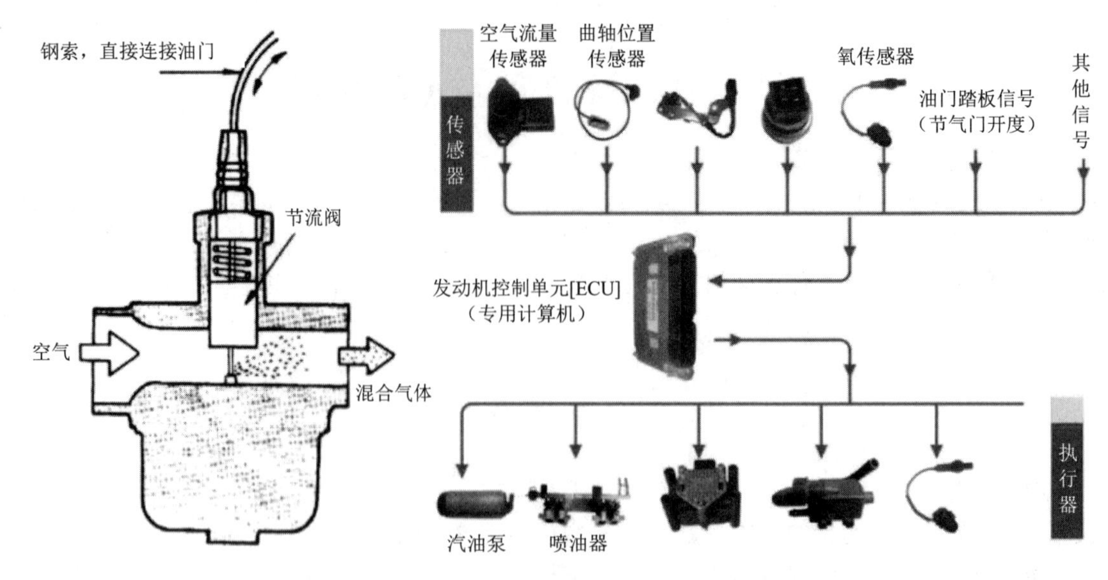

图 1-1　汽车化油器系统和电喷系统比较

（2）一般而言，嵌入式系统是一个有专门用途的计算机系统，大多数时候，没有通用计算机系统常见的键盘鼠标显示器等输入输出设备。

（3）由于嵌入式系统是植入到母体的计算机系统，为了不影响母体的结构和使用，必须要求嵌入式系统的体积足够小，因此，会把一些不必要的功能硬件（模块）裁剪掉。

（4）微型化的嵌入式系统除了裁剪功能硬件外，还会在性能硬件上有所妥协，为了保证系统的正常运行，需要把不必要的功能软件（模块）裁剪掉。

（5）由于嵌入式系统的专用性、植入性，因此，对体积、功耗都有严格要求。

（6）对于一些高可靠性的母体，同样要求嵌入式系统具有高可靠性。

（7）对于一些低价格的商品性母体，对嵌入式系统的成本有严格要求。

所以，IEEE 和国内的资料对嵌入式系统的定义表面上看不一样，实际上是从不同的角度给出的定义。

1.2　嵌入式系统的发展历史

第一台电子数字计算机于 1946 年诞生。在其后漫长的历史进程中，计算机一直是供养在专门机房里的大型昂贵设备。

随着微电子技术和信息技术的进一步发展，微处理器的功能日益强大、集成的模块也越来越多，一个单独的芯片就可以完成以往一整套计算机的功能（SOC，System On Chip，片上系统）。计算机技术的这些特点以及其智能化引起了控制专业人士的兴趣，研究将计算机系统嵌入到其他设备或机器中，实现设备或机器的智能化控制和自动化控制。例如，将微型化的计算机系统安装到大型舰船中以实现自动驾驶或轮机状态监测。这样一来，计算机系统便失去了原来的形态与通用的计算机功能。为了区别于原有的通用计算机系统，我们把嵌入到其他设备或机器中，实现设备或机器智能化控制和自动化控制的计算机，称作嵌入式计算机系统，简称嵌入式系统。因此，嵌入式系统是微型计算机继续发展和工业自动化进一步发展的产物。

第一个嵌入式系统可以追溯到 20 世纪 60 年代美国麻省理工学院仪器研究室开发的阿波罗导航计算机，在两次的阿波罗登月中都使用了这种惯性导航系统。第一款大批量生产的嵌入式系统是 20 世纪 60 年代美国民兵 I 导弹上的 D-17 自动导航控制计算机。这些嵌入式系统的出现甚至早于个人计算机。但这些嵌入式系统有个共同的特点，就是体积庞大、耗电量大，与我们现在所理解的微型化的嵌入式系统有着很大的不同，更像是把一个通用的计算机系统嵌入到其他设备或机器中，只能算是现代嵌入式系统的雏形。

嵌入式系统的真正发展是在微处理器问世之后。1971 年 11 月，Intel 公司成功地把算术运算器和控制器电路集成在一起，推出了第一款微处理器 Intel 4004，其后各厂家陆续推出了多款 8 位、16 位的微处理器，包括 Intel 8080/8085、8086，Motorola 的 6800、68000，以及 Zilog 的 Z80、Z8000 等。以这些微处理器作为核心所构成的系统，广泛地应用于仪器仪表、医疗设备、机器人、家用电器等领域。70 年代中后期 IT 厂商研发出了集微处理器、存储器和 I/O 于一片超大规模集成电路上的单片机（比如 1976 年 Intel 公司推出的 MCS-48 单片机），正好符合嵌入式系统对体积、功耗和可靠性的追求，于是，嵌入式系统开始基于单片机发展。这一时期的嵌入式系统还没有操作系统的支持，只是使用汇编语言甚至机器语言的方式进行编程，对系统进行直接的控制，虽然已经初步具备了嵌入式的特点，但仅仅是通过 CPU 执行一些简单的代码，因此严格来说也不算是真正的嵌入式系统。

20 世纪 80 年代，随着微电子技术的提高，微处理器、RAM、ROM、IO 接口以及其他接口集成到一片超大规模集成电路中，制造出了面向 I/O 设计的微控制器。同时，软件技术也得到了同步发展，研发出了适应集成微控制器的简单的操作系统。由于操作系统的支持，应用软件的开发难度大大降低，开发周期大大缩短，开发效率大大提高，软件的功能也更加完善、复杂。

90 年代，分布控制、柔性制造以及数字化通信等需求迅速爆发，带领着嵌入式系统进一步飞速发展。面向实时信号处理的 DSP 产品向着高速度、高精度、低功耗的方向发展。另一个方面，随着硬件性能的大大提高，嵌入式系统的操作系统也向高效率、多任务方向发展，并逐渐成为嵌入式操作系统的主流。这一阶段的嵌入式系统已经具备了文件系统的概念，并具备多任务、网络以及图形用户界面（GUI）的功能，甚至提供了丰富的应用程序接口（API），使得应用软件的开发更加简单。

21 世纪，计算机技术迅速向着网络化的方向发展，嵌入式系统也自然而然地顺应着这一历史潮流，普遍地具有网络连接的功能，能够应用到 Internet 中去，实现远距离通信。特别是随着物联网时代的到来，嵌入式系统更是发挥了前所未有的巨大作用，设备或机器通过嵌入式系统连接到 Internet 中，实现智能化的机器对话、人机对话。

1.3 嵌入式系统的应用

嵌入式系统无论在生活、生产还是管理上都有着广泛的应用。典型的例子包括智能家电、家庭远程管理、交通管理、移动支付、环境监控、机器人等。

1. 生活方面的应用

如图 1-2 所示，嵌入式系统在生活方面的应用主要包括通信、智能家电、家庭远程管理、移动支付（POS 支付）等。我们现在每天都在使用的智能手机，不管是苹果还是安卓都是典型的嵌入式系统，它们既是一个通信工具也是一台小型平板电脑。越来越多的家用电器由于安装了嵌入式系统而变得智能，比如智能冰箱、智能电视等。未来智能家电甚至能够接入到因特网中实现远程交互，实现家庭的智能管理和远程管理。此外，我们平时购物刷卡付款使用的 POS 机也是一个嵌入式系统的例子。

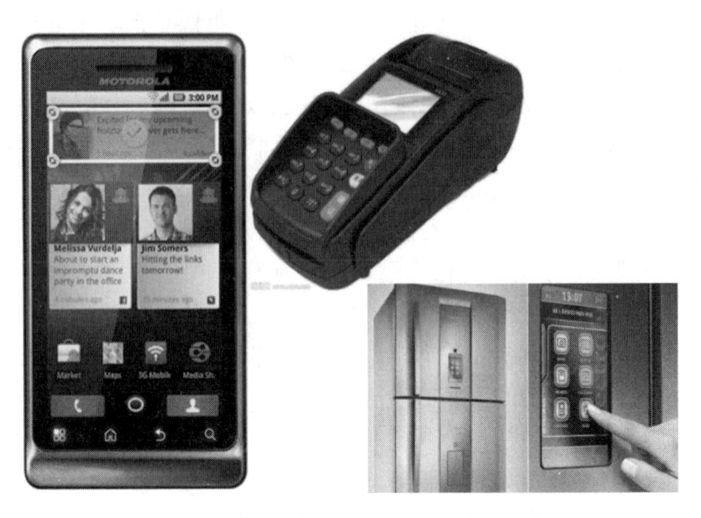

图 1-2　嵌入式系统在生活中的应用

2. 生产方面的应用

在生产方面的应用一直是嵌入式系统应用的重要领域，特别是近年工业 4.0 概念的提出，基于嵌入式系统的工业智能化设备获得了长足的发展，应用到各行各业的生产实践中，如工业过程控制、数字机床、电力系统、电网安全、电网设备监测、石油化工系统，提高了生产效率和产品质量，减少了人力资源的消耗，降低了人力成本。随着微电子技术的发展，嵌入式系统使用的微处理器已经从传统的 8 位单片机发展到 16 位、32 位，以及 64 位，甚至多核心。性能的提高，使得嵌入式系统在生产方面的应用更加广泛。如图 1-3 所示是嵌入式系统在生产方面应用的例子。

图 1-3　嵌入式系统在生产中的应用

3. 管理方面的应用

随着物联网技术的发展，很多国家都提出了智慧国家的概念，在此基础上，国外国内的很多城市提出了智慧城市的概念。智能交通（如图 1-4 所示）、智能医疗、智能图书馆就是智慧城市的典型应用。所有这些应用中，最基础的是智能设备，而智能设备的基础就是嵌入式系统。

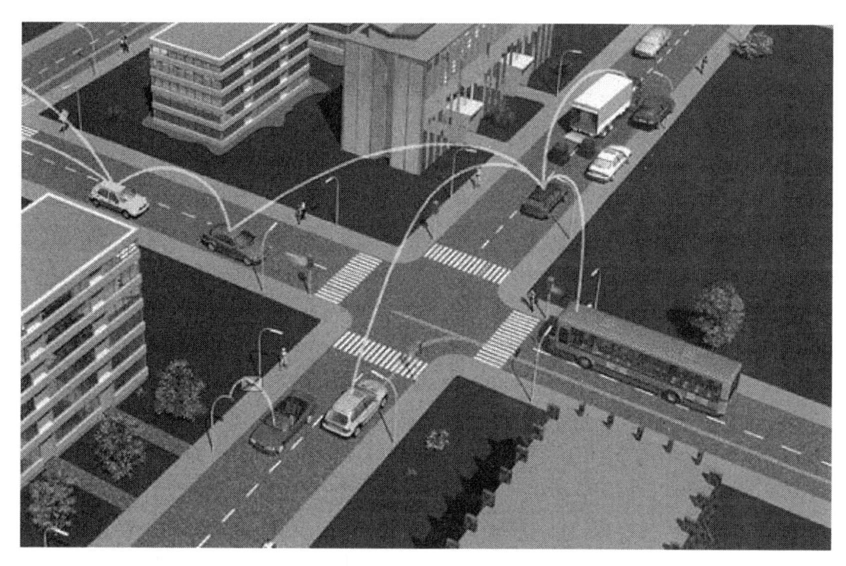

图 1-4　嵌入式系统在交通管理中的应用

随着生活、生产和管理的智能化，越来越多的嵌入式系统被应用到各行各业、各个领域。

1.4　常见的嵌入式操作系统

从上世纪 80 年代开始，嵌入式计算机系统就有了操作系统的支持，国际上一些 IT 组织和公司开始进行嵌入式操作系统的研发。经过多年的发展，涌现了一批著名的嵌入式操作系统。其中，现在应用中比较流行也比较有代表性的有 Windows CE、VxWorks、eCos、μC/OS-II、QNX、Linux 等。

1. Windows CE

Windows CE 是 Microsoft 公司专门为掌上电脑和嵌入式设备设计开发的、可升级的 32 bit 嵌入式操作系统。Windows CE 提供了与 Windows 桌面版类似的图形界面，容易上手。Windows CE 具有模块化、结构化和基于 Win32 应用程序接口的特点，能在多种处理器体系架构上运行。进行 Windows CE 的应用开发比较容易，可以使用桌面版 Windows 上的编程工具（如 Visual Basic、Visual C++等）、同样的函数、同样的界面风格。大多数的应用软件只需简单的修改和移植就可以在 Windows CE 平台上继续使用。

2. VxWorks

VxWorks 是美国 WindRiver 公司推出的嵌入式实时操作系统（RTOS）。系统内核具有高可靠性、高实时性、高性能、组件丰富、可裁剪的特点。由于其良好的可靠性和卓越的实时性，VxWorks 被广泛地应用在通信、军事、航空、航天等高精尖技术及实时性要求极高的领域中，如美国的 F-16、FA-18 战斗机、B-2 隐形轰炸机和爱国者导弹上就使用了 VxWorks。VxWorks 支持的 CPU 有 M68K、PowerPC、ColdFire、Intel X86、ARM、SPARC、MIPS 等几十种。WindRiver 公司为 VxWorks 推出了集成开发环境 Tornado，为用户提供支持 C、C++语言的交叉编译器和类库。VxWorks 性能优越，开发调试便利，虽然有强大的技术支持，但是昂贵的价格让开发者望而却步。

3. eCos

eCos（embedded Configuration operating system）诞生于 1997 年，最早由 Cygnus 公司开发，后被 Red Hat 收购。eCos 是一个小型的嵌入式实时操作系统，它源代码是开放的，内核可灵活配置，编译出来的内核最小可至 10 KB 的级别，适合用于微小型系统。eCos 支持的 CPU 包括 ARM、Hitachi H8300、Intelx86、MIPS、Matsushita AM3x、Motorola 68k、PowerPC、SuperH、SPARC 和 NEC V8xx，可以方便对不同平台的移植。eCos 的开发编译工具可支持 GNU 开源的开发工具链，开发调试方便。

4. μC/OS-II

μC/OS-II 是 Micrium 公司的基于优先级抢占式多任务的小型实时操作系统，最早发布于 1992 年。μC/OS-II 包含了实时内核、任务管理、时间管理、任务间通信同步（信号量，邮箱，消息队列）和内存管理等功能。内核代码量小巧，其源码 99%符合 MISRA C 编码标准，适合学习和研究，经常被作为大学实时操作系统的典型教材。μC/OS-II 支持多种技术架构的 CPU，包括 ARM、AVR、PowerPC、8051、80xC52、80x86 等。μC/OS-II 的开发环境往往依赖于具体的 CPU 环境，比如 ARM 用 ADS，x86 用 Borland C++，AVR 用 AVR Studio。

5. 嵌入式 Linux

得益于 Linux 的完全开放源码、遵循 POSIX 标准的特点和类 UNIX 的设计思想，以及网络社团推动的发展方式，近年来嵌入式 Linux 已经成为最重要的嵌入式操作系统，广泛应用在移动电话、个人数字助理（PDA）、媒体播放器、消费性电子产品以及航空航天等领域。

与其他嵌入式操作系统相比，Linux 的源代码是完全开放的，全世界自由软件开发者和设备厂家共同推动嵌入式 Linux 的发展。嵌入式 Linux 继承了 Linux 的特点，内核稳定、体积小，可裁剪程度高。嵌入式 Linux 适用于多种 CPU 和硬件平台，同时，Linux 与生俱来的优秀网络血统更为其在物联网时代的发展铺平了一条宽广平坦的大路。嵌入式 Linux 正逐渐成为嵌入式操作系统中的新贵。近年来风头正劲的完全图形化人机接口的嵌入式系统 Android，实际上也算半个嵌入式 Linux。Google 以 Linux 内核为内核，增加图形接口、应用的运行库和运行环境等元素即形成了 Android。

1.5 嵌入式 Linux 的优点

目前主流的嵌入式系统中，大约有一半使用的操作系统是 Linux，或者以 Linux 为基础二次开发的操作系统（比如 Android）。Linux 之所以能在嵌入式系统市场上取得如此辉煌的成绩，与其自身的优良特性是分不开的。

1. 完全的开源

Linux 从一开始就在因特网上完全公开源代码，Linux 的发展依靠网络上的爱好者和热心人士共同推动。任何人、任何组织只要遵守 GPL 条款，就可以自由地使用 Linux 源代码。这一点为嵌入式系统提供了最大限度的自由度，因为嵌入式系统千差万别，往往需要针对具体的应用进行修改和优化，因而获得源代码就变得至关重要。另外，遵守 GPL 条款的 Linux 软件资源十分丰富，每种通用程序的源码几乎都可以在网上找到，使得设计者在其基础之上进行二次开发变得非常容易。

2. 广泛的硬件支持

Linux 能够支持 x86、ARM、MIPS、ALPHA、PowerPC 等多种体系结构，目前已经成功移植到数十种硬件平台，几乎能够运行在所有流行的 CPU 上。Linux 有着异常丰富的驱动程序资源，支持各种主流硬件设备和最新硬件技术，甚至可以在没有存储管理单元（MMU）的处理器上运行，这些都进一步促进了 Linux 在嵌入式系统中的应用。

3. 高可定制性

由于不同的嵌入式应用对系统要求各不相同，这要求嵌入式 OS 具备高可定制性，能够根据需要方便地增加和减少各项功能模块。Linux 的内核设计非常精巧，分为进程调度、内存管理、进程间通信、虚拟文件系统和网络接口五大部分，其独特的模块机制可以根据用户的需要，实时地将某些模块插入到内核或从内核中移走。Linux 的驱动程序机制也很灵活，除了可以编译到内核外，还可以编译成独立的模块，根据需要随时加载或卸载。这些特性使得 Linux 系统内核可以裁剪得非常小巧，很适合于嵌入式系统的需要。

4. 占有较少的硬件资源

多数嵌入式系统具有成本敏感性，处理器速度较低，存储器空间较少，这要求嵌入式 OS 体积小，速度快。Linux 体系结构比较灵活，易于裁减，可以小到 2MB Flash，4MB RAM。Linux 的 GUI 并不是内核的模块，可以把 GUI 部分彻底去除，以减轻系统对硬件的依赖程序和加快系统的运行速度。

5. 具备强大的网络功能

随着物联网时代的到来，要求越来越多的嵌入式设备具备网络功能。这就要求嵌入式操作系统支持常用的网络协议。Linux 的网络功能经过几次改进，其效率、功能都很突出，支持几乎所有常见的网络协议，具有众多的网络工具，并且，向上提供了标准的网络调用接口，使得程序开发人员开发网络应用程序变得容易。这些特性使得 Linux 在嵌入式系统中倍受青睐。

6. 其他优点

嵌入式 Linux 还有很多其他优点，比如高安全性。由于 Linux 源代码公开，用户不必担心有“后门”等安全隐患。比如具备完善的开发工具集，从编辑到编译，到链接，再到调试，一应俱全。比如拥有嵌入式 GUI QT/Embedded，嵌入式浏览器 Opera 等。

1.6 本书的内容以及结构

由于 Linux 使用 C 语言以及少量汇编语言写成，所以 Linux 和 C 密不可分，Linux 系统本身配备了 C 语言函数库和相关的编译、调试工具集，C 语言是编写 Linux 应用程序以及系统模块（比如驱动程序）的首选语言。本书讲述嵌入式 Linux 的 C 语言开发技术。内容包括 Linux 下 C 开发工具、编译工具、调试工具的安装、配置和使用、Linux C 开发一般方法、自动编译工具 make 的使用、文件读写、多线程编程、网络通信、嵌入式系统的输入输出等。

本书假定读者具有 Linux 操作系统以及 C 语言程序设计的基础知识，所以书中不再系统地讲解 Linux 操作系统的使用和 C 语言的详细语法，只针对 C 语言在 Linux 下的开发展开论述。如果读者需要补充 Linux 和 C 的基础知识，请自行参考相关书籍和资料。

嵌入式系统由于对体积、功耗、成本等都有严格限制，导致没有足够的硬件资源在板子上直接进行应用开发，因此，嵌入式系统的开发一般采用交叉编译的方式。先在个人计算机上进行软件的编写、编译，再将编译好的软件系统移植到嵌入式系统上运行。嵌入式系统的这一特点使得读者朋友对于嵌入式系统的开发学习变得困难。

但是，另一方面，嵌入式 Linux 在系统结构和使用上与 PC 版通用 Linux（后续章节简称为 PC Linux）并无二致，当应用不涉及嵌入式系统的专有硬件时，程序的开发过程和运行方式、运行结果在嵌入式 Linux 上和 PC Linux 上是一模一样的。因此，为了方便读者学习和实验，当不涉及嵌入式系统的专用硬件时，本书的内容直接在 PC Linux 上展开，程序的开发、编译和运行都直接在 PC Linux 上完成。当涉及到嵌入式系统的专用硬件时，比如读取嵌入式开发板的按钮、控制 LED、控制蜂鸣器等，则进行交叉编译，把程序移植到嵌入式系统上运行。

所以，本书的内容结构大致分为两大部分。第一部分是 C 语言在 PC Linux 下的开发；第二部分是嵌入式 Linux 下的 C 语言开发。这两大部分内容实际上都是围绕同一个主题，就是“嵌入式 Linux 开发”。

小结

本章介绍了嵌入式系统的基本概念，嵌入式系统的发展历史以及其在日常生活、生产以及管理等方面的应用。在万物越来越智能的今天，嵌入式系统无处不在。在众多的嵌入式操作系统中，由于嵌入式 Linux 具有比较突出的优势而被广泛使用。嵌入式 Linux 开发是软件开发行业的重要领域，是物联网相关专业的重要课程。

思考与练习

1. 什么是嵌入式系统？嵌入式系统有什么特点？举出你知道的嵌入式系统应用的例子。
2. 从各方面比较嵌入式系统与通用计算机的区别。
3. Linux 作为嵌入式系统的操作系统有哪些优势？
4. 查找相关资料，了解工业 4.0 的概念和内涵。

第 2 章　在虚拟机上安装 Linux

Windows 无疑是 PC 以及笔记本电脑上（以下统称桌面系统）最成功的操作系统。华丽的界面、人性化的布局、简单易用的人机接口和丰富的第三方软件都使得 Windows 成为桌面系统的不二选择。Linux 曾经雄心勃勃地想进军桌面系统，和 Windows 分一杯羹。但是，华丽、人性化和简单易用并不是 Linux 的长处，经过多年的努力，Linux 在桌面系统领域依然无法撼动 Windows 的霸主地位。Linux 的优势在于安全、稳定、高效、需要硬件资源少、高度可定制。和 Windows 相比，Linux 更多地应用在服务器和嵌入式系统上。

相信阅读本书的读者朋友都是使用 Windows 作为自己的桌面系统，不大可能为了学习嵌入式 Linux 开发而把 Windows 换成 Linux。因此，为了不影响大家的工作、生活和娱乐，同时方便学习本书内容，最好的解决办法是使用虚拟机，在虚拟机上安装 Linux 操作系统。

所谓虚拟机，简单地说就是在一台计算机系统上安装一个软件，通过软件模拟的方式产生一台具有完整硬件系统，运行在一个完全隔离环境中的“独立的”计算机系统。这个模拟软件称为虚拟机软件。通过虚拟机软件，可以在一台物理计算机上模拟出一台或多台虚拟的计算机，这些虚拟机可以像真正的计算机那样进行工作，可以安装操作系统、安装应用程序、访问网络资源等。对于使用者而言，虚拟机只是运行在物理计算机上的一个应用程序，但是对于在虚拟机中运行的应用程序而言，它就在真正的计算机中工作。

2.1　虚拟机软件简介

目前比较常用的虚拟机软件主要有三款：Virtual PC、VMware Workstation 和 VirtualBox。

Virtual PC 是 Microsoft 公司开发的免费软件，其占用资源少，运行速度较快，易学易用，但功能较少。作为 Microsoft 自己的产品，Virtual PC 完美支持 Windows 操作系统，但对其他操作系统兼容性不够好。Virtual PC 的下载地址是https://www.microsoft.com/zh-cn/download/details.aspx?id=3702。

VMware Workstation 是全球知名虚拟化解决方案领导厂商 VMware 的产品，功能强大。VMware Workstation 对网络的访问提供了多种解决方案，可以满足一般用户和高端用户的需求。同时，VMware Workstation 对各种操作系统的兼容性较好，能够完美支持 Windows 和 Linux。但是 VMware Workstation 的缺点是占用资源较多，运行速度较慢。而且，VMware Workstation 是商用版本，需要付费使用。VMware 公司的官方网站是 http://www.vmware.com。

VirtualBox 是 Sun Microsystems 公司的产品。2010 年 1 月，Oracle 收购 Sun，VirtualBox 归到 Oracle 旗下，更名为 Oracle VM VirtualBox。VirtualBox 是一款免费并且开源的轻量级产品，提供了能够运行在很多不同的主机操作系统的版本。同时 VirtualBox 支持很多不同的操作系统，包括 Windows、大多数的 Linux 发行版、Mac OS 以及 Solaris 等，但遗憾的是，目前 VirtualBox 只能支持 32 位的操作系统，不支持 64 位版本。VirtualBox 的官方网站是 http://www.virtualbox.org。

综上所述，三款虚拟机软件各有优缺点，Virtual PC 易学易用，运行速度快，但对 Linux 支持不完美；VMware Workstation 功能强大，但占用资源较多，运行速度慢，需要付费使用；VirtualBox 轻量、开源，支持多种操作系统，但遗憾的是不支持 64 位版本。

为了方便个人用户学习，VMware 提供了一个免费的版本 VMware Workstation Player。VMware Workstation Player 是 VMware Workstation 的功能删减版，但完全能够满足一般用户的日常使用需要，而且体积小巧，运行速度比 VMware WorkStation 快，好学好用，支持各种操作系统，还支持 32 位和 64 位版本。

综合比较，本书采用 VMware Workstation Player 作为 PCLinux 的虚拟机软件。

2.2 下载安装 VMware Workstation Player

打开 VMware 公司的主页，将鼠标指针移动到页面右上方的“下载”链接上，网站弹出 VMware 公司可供下载的产品列表对话框，如图 2-1 所示。

图 2-1　VMware Workstation Plaryer 下载页面

在最右边的“免费产品下载”列里即可找到 Workstation Player，此即是 VMware Workstation Player 的下载链接。点击此链接，跳转到 VMware Workstation Player 下载页，如图 2-2 所示。

图 2-2　VMware Workstation Player 版本选择

页面显示的是 VMware Workstation Player 64 位最新版本，如果读者使用的是 32 位

Windows 操作系统，请下载 VMware Workstation Player 的早期版本。

VMware Workstation Player 安装程序名为 VMware-player-12.1.0-3272444.exe，后面的数字是 VMware Workstation Player 的版本号，不同时间下载的安装程序版本号不一样。下载完后，双击运行安装程序。VMware Workstation Player 的安装过程与一般 Windows 程序的安装过程大同小异，唯一需要注意的是如图 2-3 所示的自定义安装。

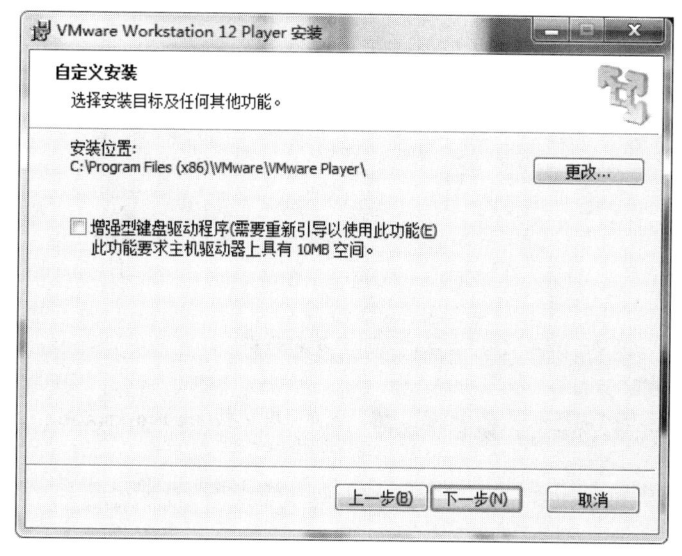

图 2-3　自定义安装

自定义安装有两个选项，一个是安装位置，读者朋友根据实际情况自行选择安装位置；另一个是增强型键盘驱动程序。增强型键盘驱动程序使得虚拟机能更好地处理国际键盘和带有额外按键的键盘，同时能够绕过 Windows 直接截获原始键盘输入。如果不安装增强型键盘驱动程序，任何时候在键盘上按下 Ctrl+Alt+Del 组合键，Windows 都不会把按键消息发送给虚拟机。使用增强型键盘功能时，如果输入焦点在虚拟机上，按下 Ctrl+Alt+Del 组合键，则只有虚拟机操作系统做出反应。读者朋友可根据实际情况决定是否勾选“增强型键盘驱动程序”复选框。

由于 VMware Workstation Player 体积小巧，安装耗时不多，稍等片刻，即可初步完成安装。如果在安装过程中选择了在桌面建立图标，则桌面上会出现如图 2-4 所示图标。此图标即是 VMware Workstation Player 的快捷方式。

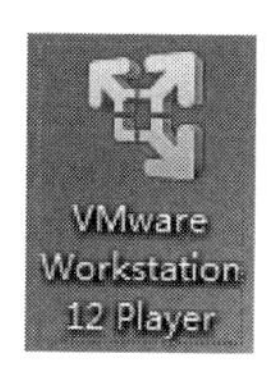

图 2-4　桌面图标

双击图标初次运行 VMware Workstation Player，弹出的如图 2-5 所示界面要求输入电子邮件地址，填写有效电子邮件地址后即可完成整个安装过程，同时启动 VMware Workstation Player，出现如图 2-6 所示的首页。

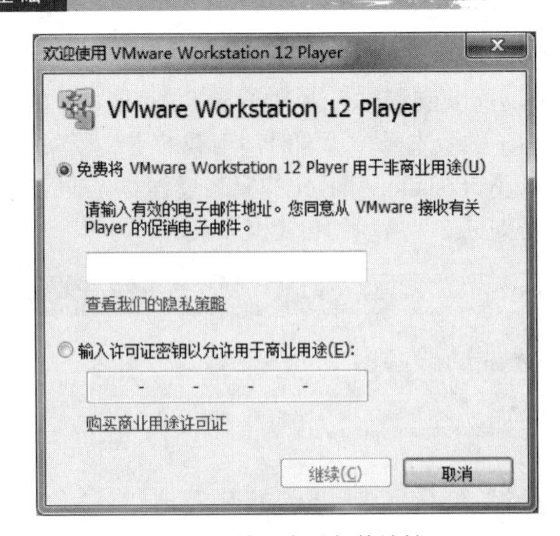

图 2-5　填写电子邮件地址

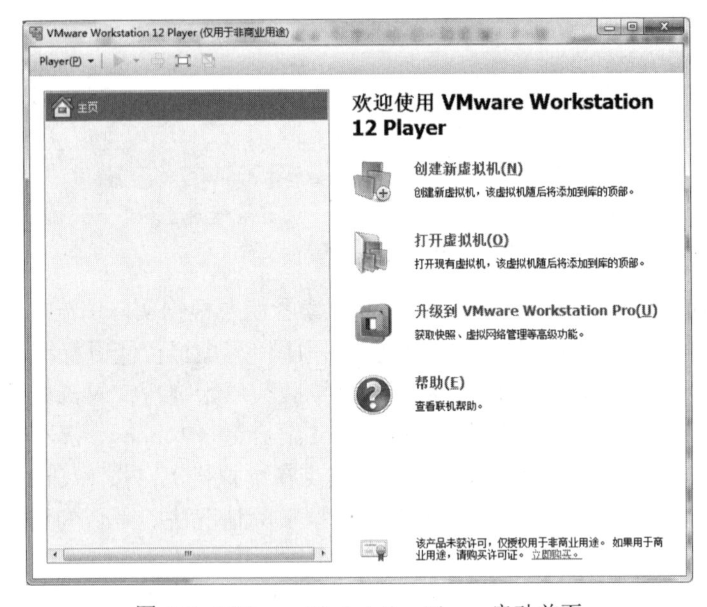

图 2-6　VMware Workstation Player 启动首页

2.3　Linux 发行版本简介

Linux 是开源软件，其内核源码可在网上自由获取，并且允许任何组织自行搭配其他应用程序。不同的 IT 厂商或网络社团（社区）将 Linux 内核与不同的应用程序进行组合，并开发相关的管理工具，形成不同的发行套件，即是平时我们所说的发行版本。

目前，Linux 的发行版本不下数百种。但是，无论何种发行版本都源自相同的内核，它们之间的差别主要在于所包含的软件种类和数量的不同，以及使用界面上的差异。对于 Linux 的熟练使用者和程序开发人员而言，它们之间并无二致。

常见的 Linux 发行版本如下：

1. Red Hat Enterprise Linux

Red Hat Enterprise Linux（简称 RHEL）是全球最大的 Linux 厂商 Red Hat 公司的产品，中文名称叫作红帽企业版 Linux，主要面向企业用户，具有广泛的企业用户基础，也代表着 Linux 操作系统的事实标准，我们平常所说的 Red Hat Linux 指的就是 Red Hat Enterprise Linux。Red Hat 有偿地为客户提供完善的售后服务和技术支持。按照 GNU 的规定，任何人或组织都可以免费使用 RHEL。因此，很多人也使用 RHEL 学习 Linux。

Red Hat Enterprise Linux 的官方网站是www.redhat.com。

2. Fedora

Fedora 是 Red Hat 公司资助并由网络社区维护的开源项目。Red Hat 早期只有一个 Linux 版本，后来根据市场需要以及公司的战略，Red Hat 把 Linux 分化成两个分支：RHEL 和 Fedora，RHEL 主要面向企业用户，追求稳定和效率；Fedora 主要面向桌面用户，追求绚丽的桌面效果，使用最新的应用软件，其目标是推动自由软件和开源软件快速进步。

Fedora 的官方网站是 www.fedoraproject.org。

3. Debian

Debian 是一个完全依靠 Internet 上的 Linux 爱好者开发维护的网络社区发行版本，所包括的应用程序最为丰富。按照 Debian 官方说法，Debian 不只是提供一个纯粹的操作系统，它还附带了超过 43000 个软件包，这些预先编译好的软件被包裹成一种良好的格式以便于在目标机器上进行安装。经过多年的发展，Debian 在稳定性方面表现不错。

Debian 的官方网站是 www.debian.org。

4. CentOS

CentOS 是目前国内应用比较广泛的 Linux 发行版本，它是在 Red Hat Enterprise Linux 的基础上依照开源规则修改编译而成。两者的不同在于 CentOS 去掉了 Red Hat 的厂商标识，无需注册即可更新软件。CentOS 全称为 Community Enterprise Operating System，中文意思是“社区企业操作系统”。由其名字和来源即可看出 CentOS 对稳定性的追求。因此有些要求高度稳定性的服务器以 CentOS 替代商业版的 Red Hat Enterprise Linux 使用。

CentOS 的官方网站是 www.centos.org。

5. Ubuntu

Ubuntu 是全球社区基于 Canonical 策略和设计指南进行开发的 Linux 发行版本。Canonical 是一家为配合 Ubuntu 开发而成立的软件公司。Ubuntu 是目前较为活跃的 Linux 版本，主打桌面应用，其桌面系统的界面风格较其他发行版本更为炫丽。同时，Ubuntu 还发布了智能手机版本，还专门为中国市场打造了衍生版 Ubuntu Kylin（中文名称为优麒麟）。

Ubuntu 的官方网站是 www.ubuntu.com。

6. SUSE

SUSE 原来是德国的 SUSE Linux AG 公司发行维护的 Linux 发行版本。2004 年 Novell 公司收购了 SUSE，SUSE 在软件国际化方面做出了不少的贡献。但是，与其他的发行版本相比，SUSE 在易用性方面不太适合初级用户使用。

SUSE 的官方网站是 www.suse.com。

考虑到各发行版本的体积以及运行速度、易用性、所需功能等问题，本书采用 32 位版本 CentOS 6.7 作为 PC Linux 版本。

2.4　在虚拟机上安装 CentOS 6.7

（1）下载 CentOS 6.7

打开 CentOS 的官方网站 www.centos.org，首页如图 2-7 所示。

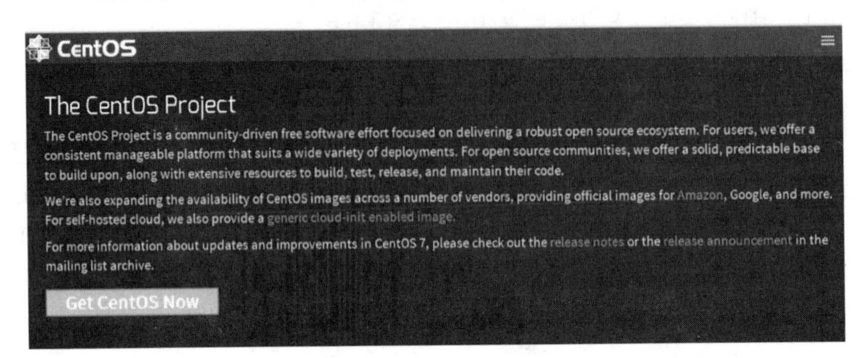

图 2-7　CentOS 官方网站首页

点击 Get CentOS Now 按钮，打开下载页，翻到 Older Versions 栏，单击 then click here >> 链接，如图 2-8 所示。

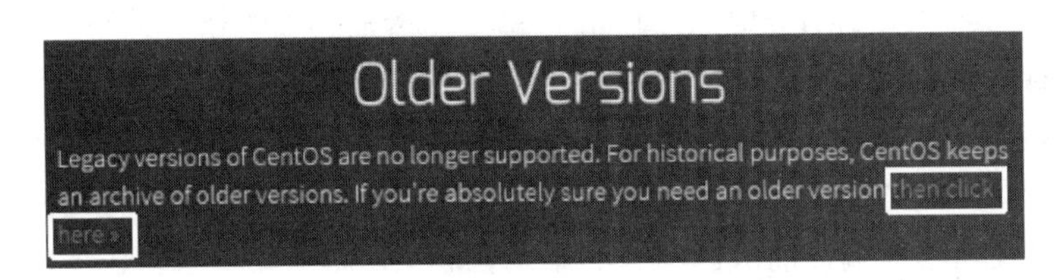

图 2-8　then click here

在基本发行版栏找到 6.7 版本，其中又分为两个版本 i386 和 x86_64，i386 是 32 位版本，x86_64 是 64 位版本。列表的最右边表示该版本的生命周期截至 2020 年 11 月 30 日。

在列出的镜像网站里找到速度较快的网站，如图 2-9 所示。

如图 2-10 所示，网站提供了不同种类的可供下载的文件，其中，光盘安装只需要 CentOS-6.7-i386-bin-DVD1.iso 和 CentOS-6.7-i386-bin-DVD2.iso 两个光盘映像文件。

The following mirrors should have the ISO images available:

```
Actual Country -

http://mirror.neu.edu.cn/centos/6.7/isos/i386/
http://mirrors.nwsuaf.edu.cn/centos/6.7/isos/i386/
http://mirrors.pubyun.com/centos/6.7/isos/i386/
http://ftp.sjtu.edu.cn/centos/6.7/isos/i386/
http://mirrors.aliyun.com/centos/6.7/isos/i386/
http://mirrors.btte.net/centos/6.7/isos/i386/
http://mirrors.cqu.edu.cn/CentOS/6.7/isos/i386/
```

图 2-9　镜像网站列表

```
../
0_README.txt
CentOS-6.7-i386-LiveCD.iso
CentOS-6.7-i386-LiveCD.torrent
CentOS-6.7-i386-LiveDVD.iso
CentOS-6.7-i386-LiveDVD.torrent
CentOS-6.7-i386-bin-DVD1.iso
CentOS-6.7-i386-bin-DVD1to2.torrent
CentOS-6.7-i386-bin-DVD2.iso
CentOS-6.7-i386-minimal.iso
```

图 2-10　可下载文件列表

由于 Linux 是免费软件，也可以从其他渠道获得 CentOS 6.7 的安装文件。

（2）创建新虚拟机

如图 2-11 所示，在 VMware Workstation Player 的首页单击“创建新虚拟机”或者在菜单栏选择“Player→文件→新建虚拟机...”选项。

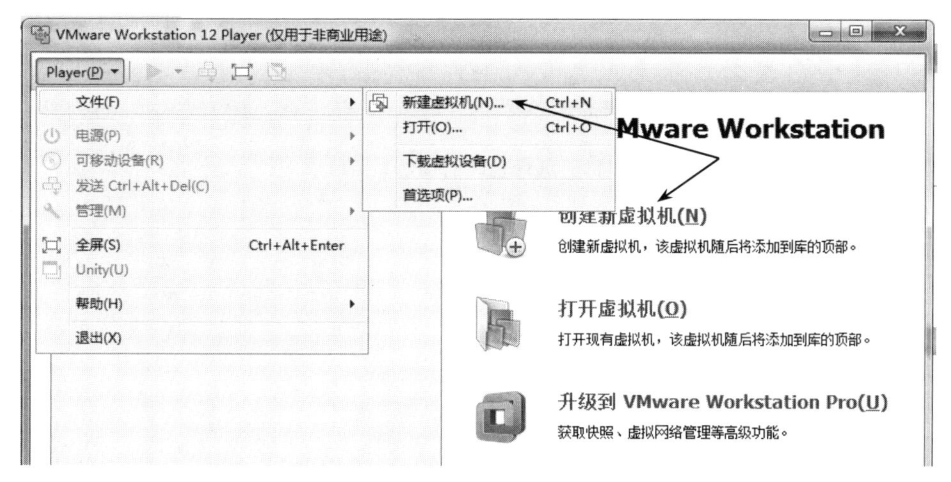

图 2-11　新建虚拟机两种方式

弹出“新建虚拟机向导”对话框，如图 2-12 所示，选择“稍后安装操作系统”。

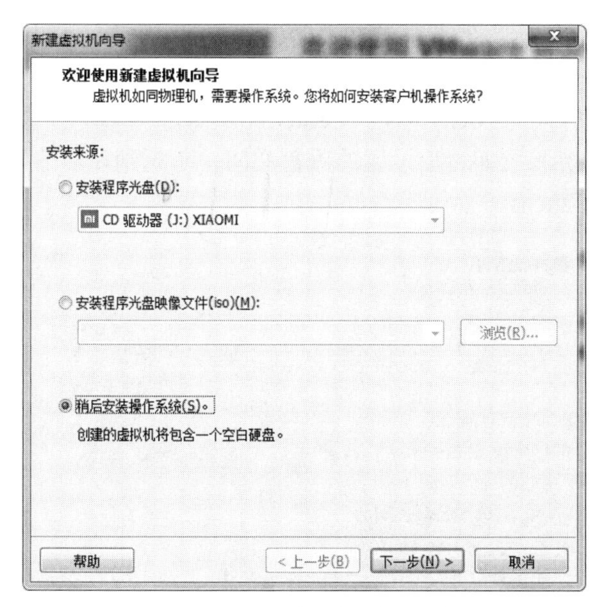

图 2-12　选择稍后安装操作系统

如图 2-13 所示，选择客户机操作系统为 Linux，版本为 CentOS。准确地选择操作系统版本使得虚拟机平台能够针对具体的操作系统进行优化。

默认的虚拟机名字为 CentOS。好的名字能够见名知义，在有限长度的字符串中包含足够多的信息。特别是当虚拟机平台包含多个 Linux 虚拟机时，名字是区分不同的版本最直接的方法。因为我们安装的 CentOS 是 32 位 6.7 版本，所以如图 2-14 所示，把虚拟机名字命名为“CentOS6.7 32 位”，然后根据实际情况选择虚拟机的存储位置。

客户机操作系统
Microsoft Windows(W)
Linux(L)
Novell NetWare(E)
Solaris(S)
其他(O)
版本(V)
CentOS

图 2-13　选择正确的操作系统版本

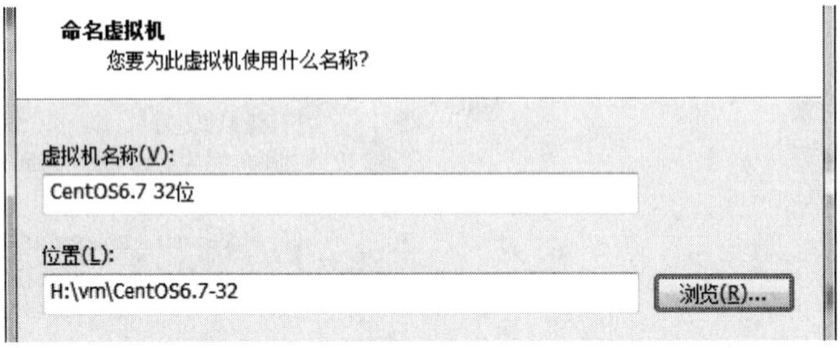

命名虚拟机
您要为此虚拟机使用什么名称?
虚拟机名称(V):
CentOS6.7 32位
位置(L):
H:\vm\CentOS6.7-32
浏览(R)...

图 2-14　虚拟机名字和存储位置

虚拟机的磁盘空间以文件的形式存在于宿主机中，设置的磁盘容量是虚拟机中的实际磁盘容量，但在宿主机中并不会立即分配这么大的磁盘空间，而是随着虚拟机中数据的增多动态增长，增长到设置的容量时，在虚拟机中表现为空间耗尽，在宿主机中则是达到了最大允许占用空间。系统默认磁盘容量为 20GB。对于 CentOS 6.7 而言，5GB 的空间已经可以运行得很好了。但既然在宿主机中并不立即占用设置的磁盘空间，考虑到以后的学习、使用，如图 2-15 所示，不妨采用默认值 20GB。

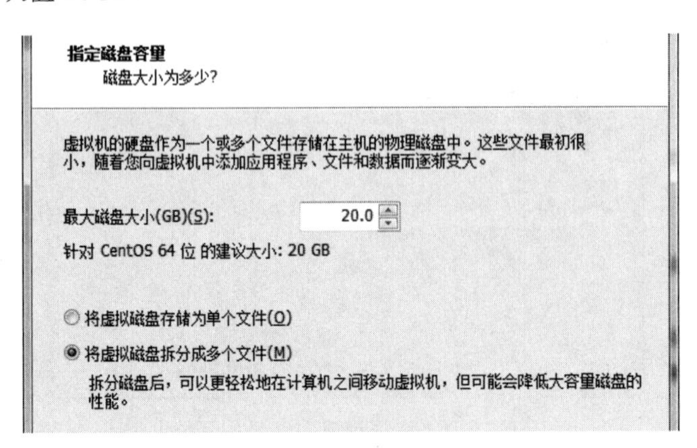

图 2-15　设置虚拟机磁盘大小

（3）安装 CentOS 6.7

创建虚拟机后，还需要进行简单的设置才能进行操作系统的安装。如图 2-16 所示，在 VMware Workstation Player 首页上选中创建的虚拟机，单击右下角的“编辑虚拟机设置”。

为了方便安装操作系统，VMware Workstation Player 自动把新创建的虚拟机的 BIOS 设置为光盘启动。VMware Workstation Player 可以直接把宿主机的物理光驱当成虚拟机的光驱，也可以把光盘映像文件模拟成虚拟机的光驱。因为下载的是光盘映像文件，所以选择“使用 ISO 映像文件”，并选择下载的 CentOS 6.7 第一张光盘映像文件 CentOS-6.7-i386-bin-DVD1.iso，如图 2-17 所示。

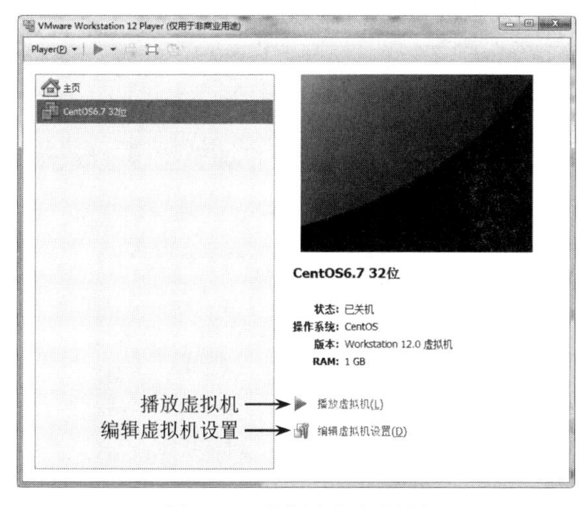

图 2-16　编辑虚拟机设置

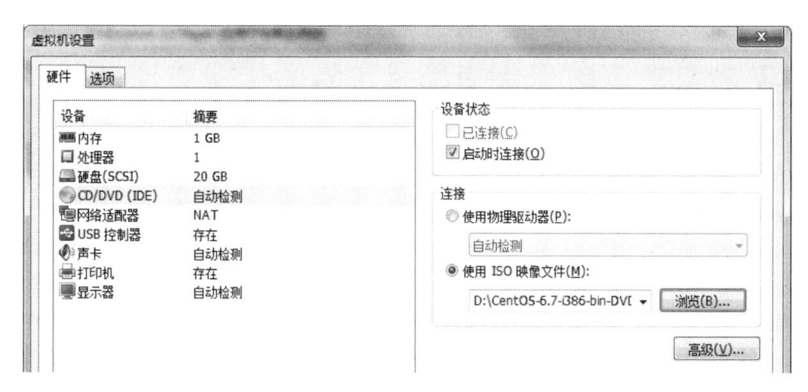

图 2-17　设置光驱和启动光盘映像

另外，虽然 1GB 的内存已经可以流畅地运行 CentOS 6.7，但如果宿主机的物理内存大于 4GB，可以尝试把虚拟机的内存设置为 2GB，以加快虚拟机的运行速度。

在 VMware Workstation Player 首页选中虚拟机，单击“播放虚拟机”启动 CentOS 6.7 虚拟机，开始安装 CentOS 6.7。

如图 2-18 所示的安装开始界面有 5 个选项，使用上下光标键选择第 1 个选项，即 Install or upgrade an existing system 选项，按回车键直接安装 CentOS 6.7。在安装过程中鼠标会被锁定在虚拟机中，可以通过按 Ctrl+Alt 组合键临时返回宿主机，在虚拟机中单击鼠标可以再次让鼠标回到虚拟机中。

为了保证安装的顺利，系统需要测试光盘的完整性。为了缩短安装时间，如图 2-19 所示，使用光标键和回车键选择 Skip 跳过光盘完整性测试。

经过短暂的准备工作，CentOS 6.7 启动图形界面的安装过程。如图 2-20 所示，在安装过程中选择安装语言为简体中文。

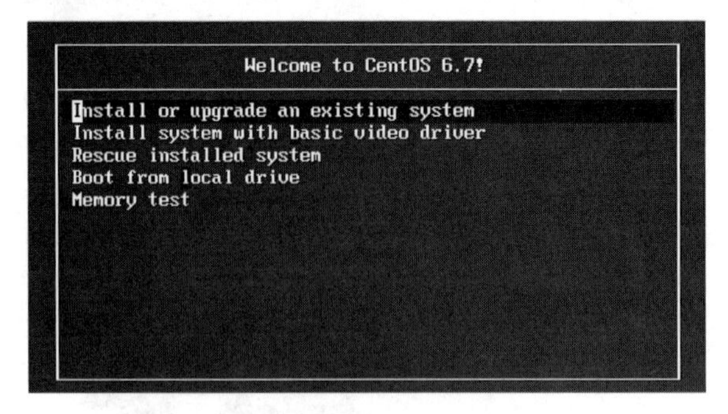

图 2-18　安装开始界面

图 2-19　跳过光盘完整性测试

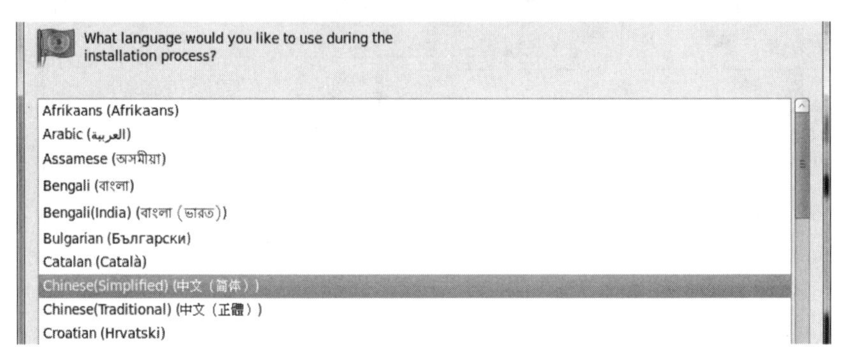

图 2-20　选择安装语言

选择安装使用语言后，接着选择键盘布局，如图 2-21 所示，常用的 PC 键盘都是美国英语式键盘。

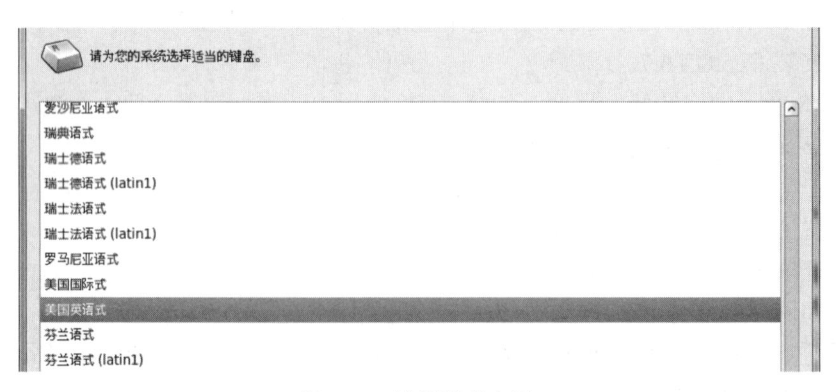

图 2-21　选择键盘布局

在如图 2-22 所示存储设备选项中选择“基本存储设备”。

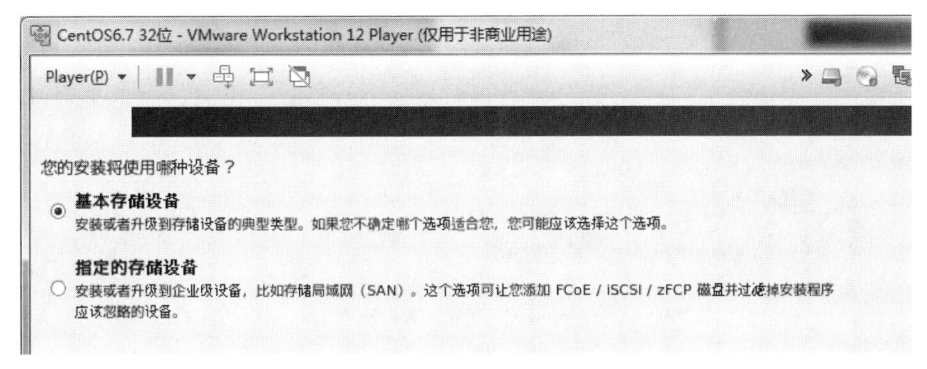

图 2-22　选择存储设备

为了保证数据的安全，CentOS 6.7 安装程序提请使用者注意硬盘上是否存在旧数据。选择“是，忽略所有数据”，如图 2-23 所示。

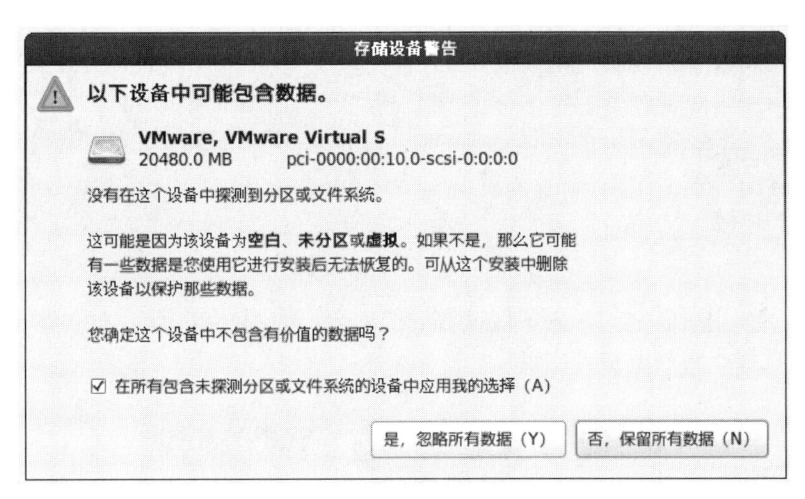

图 2-23　忽略所有数据

根据需要设置主机名，主机名是系统在网络中的名字。如图 2-24 所示，这里直接使用系统给出的默认名字。

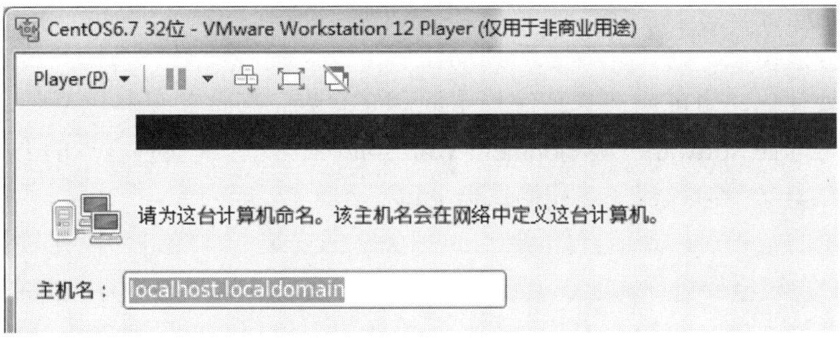

CentOS6.7 32位 - VMware Workstation 12 Player (仅用于非商业用途)

Player(P)

请为这台计算机命名。该主机名会在网络中定义这台计算机。

主机名：localhost.localdomain

图 2-24　设置主机名

使用系统默认时区，并设置 root 用户密码。

如图 2-25 所示，选择安装类型时，因为虚拟机的硬盘归 CentOS 6.7 独享，所以选择“使用所有空间”，不勾选“加密系统”和“查看并修改分区布局”复选框，让安装程序自动对硬盘进行分区。

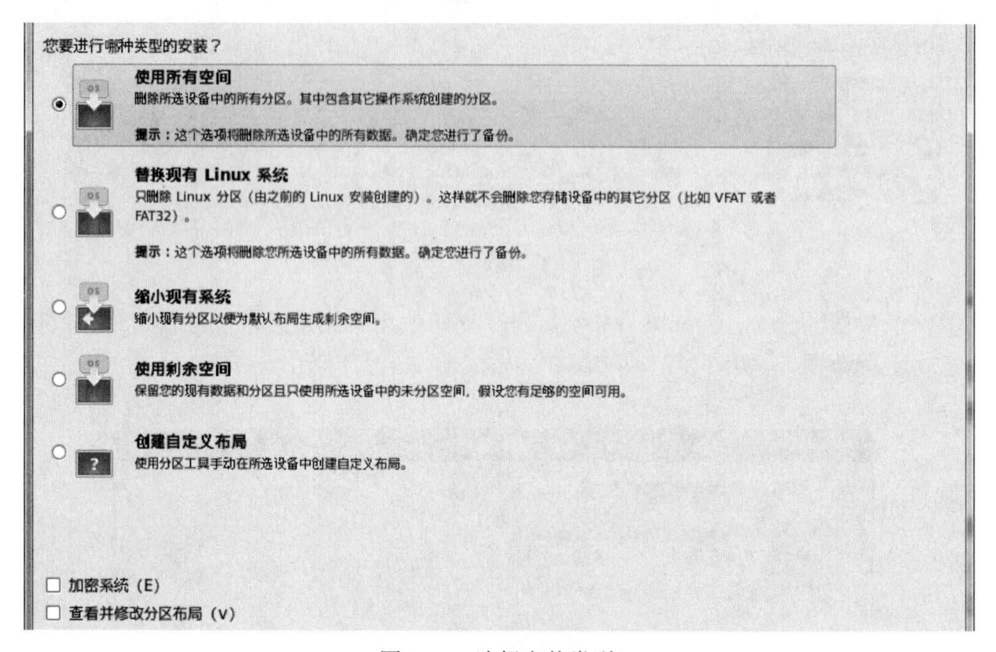

图 2-25　选择安装类型

因为选择了使用所有空间，为了保证数据的安全，如图 2-26 所示，系统再次提示是否修改磁盘分区，选择“将修改写入磁盘”。

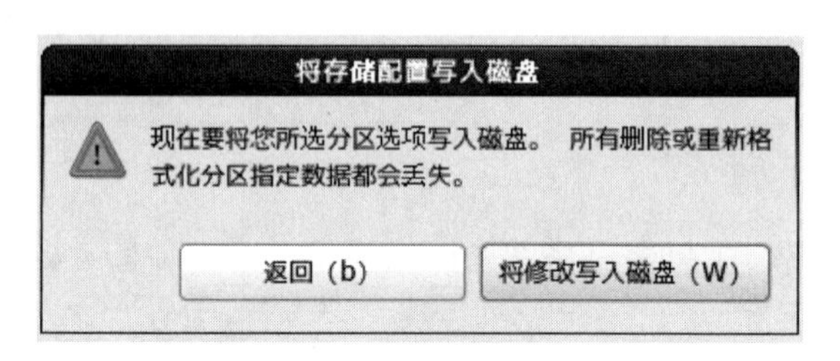

图 2-26　确认修改磁盘分区

经过写入分区信息、格式化等一系列动作后，安装程序让用户选择安装的软件包。可以自定义所需的软件包，也可以选择系统预定的套餐。为了简单起见和以后使用的方便，如图 2-27 所示，此处选择 Software Development Workstation。此套餐安装基本的 Linux 系统、桌面和 C 语言开发工具集（编译器 gcc 和调试器 gdb）等。

经过一系统的定制后，系统开始了 CentOS 6.7 的安装。再经过一段比较长时间的等待，安装初步结束，系统需要重启，如图 2-28 所示。系统重启后还需要进行一些初始化配置工作。

为了把主要精力放在 C 语言上，避开 Linux 的权限设置，如图 2-29 所示，在创建用户步骤中不创建任何普通用户。后续章节如无特别说明均使用 root 用户登录。

CentOS 默认安装是最小安装。您现在可以选择一些另外的软件。

- ○ Desktop
- ○ Minimal Desktop
- ○ Minimal
- ○ Basic Server
- ○ Database Server
- ○ Web Server
- ○ Virtual Host
- ◉ Software Development Workstation

请选择您的软件安装所需要的存储库。

☑ CentOS

(A) 添加额外的存储库　修改库（M）

或者.

◉ 以后自定义（I）　○ 现在自定义（C）

图 2-27　选择预定套餐

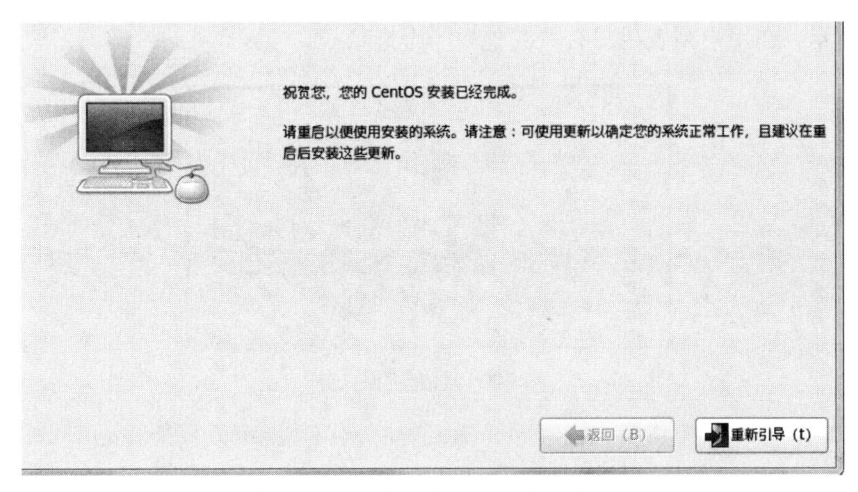

祝贺您，您的 CentOS 安装已经完成。
请重启以便使用安装的系统。请注意：可使用更新以确定您的系统正常工作，且建议在重启后安装这些更新。
返回（B）
重新引导（t）

图 2-28　初步完成安装，重新引导

创建用户

您必须为您的系统创建一个常规使用的（非管理）'用户名'。要创建系统'用户名'，请提供以下所需信息。

用户名（U）：

全名（e）：

密码（P）：

确认密码（m）：

如果您需要使用网络验证，比如 Kerberos 或者 NIS，请点击"使用网络登录"按钮。

使用网络登录（L）...

如果您需要在创建该用户时有更多控制［指 ... 钮。

高级......（A）

您没有设置可登录到该系统的用户帐户。您确定要继续吗？

否(N)　是(Y)

图 2-29　创建用户界面（不创建用户）

CentOS 6.7 有个 kdump 功能。kdump 的作用是在系统崩溃时把系统内核相关信息捕获以供技术人员分析，kdump 对于普通的使用者来说没有太多的实质性意义，而且 kdump 需要独占部分内存。由于虚拟机的内存设置较小，此处 kdump 不可用，如图 2-30 所示。

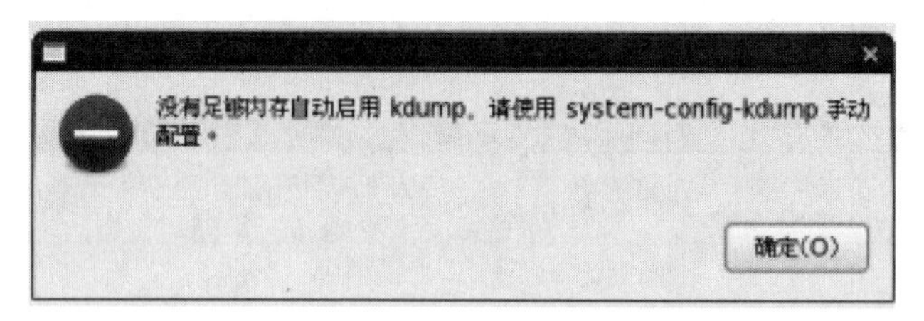

图 2-30　kdump 设置

完成 CentOS 6.7 的初始化配置后，CentOS 6.7 启动图形登录界面，在用户列表里列出系统可用的普通用户。由于 root 用户是系统的超级用户，在系统内不受任何限制，root 用户的使用可能会对系统造成不可挽回的伤害，一般的 Linux 版本都不主张 root 用户作为日常使用用户，因此登录用户列表中不列出 root 用户。由于我们安装的 CentOS 6.7 没有创建普通用户，所以如图 2-31 所示，在用户列表栏只有“其他”一个选项。

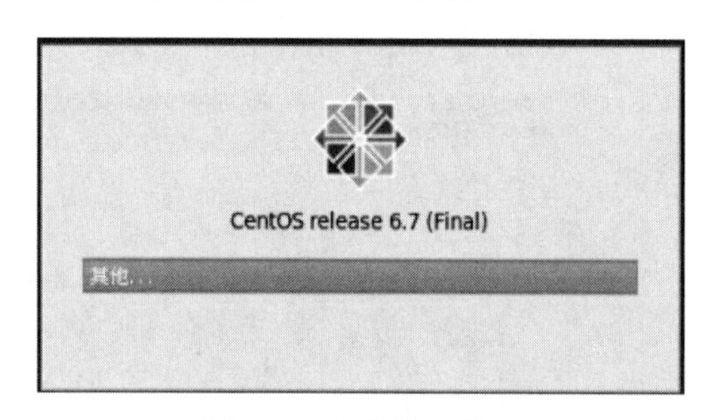

图 2-31　选择登录用户

单击“其他”，输入用户名 root 登录，输入 root 密码，就可以登录 root 用户。第 1 次登录 root 用户，系统会给出警告，如图 2-32 所示。

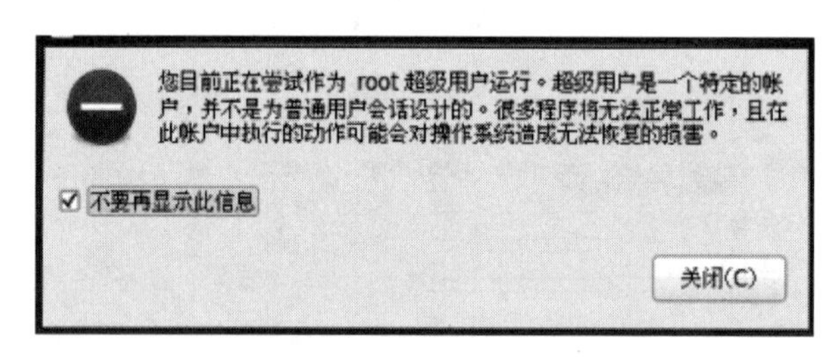

图 2-32　首次登录 root 用户

到此，CentOS 6.7 的安装完成了。

由于前面的定制安装步骤我们选择了 Software Development Workstation，系统已经安装了 C 语言开发工具集（编译器 gcc 和调试器 gdb）和常用的编辑器 emacs 与 gedit，现在就可以进行 C 语言程序开发了。

小结

大多数读者朋友都是使用 Windows 作为自己的桌面系统，所以，为了不影响大家的工作、生活和娱乐，同时方便学习嵌入式 Linux 开发，本书在讲解无关嵌入式硬件的知识时，使用虚拟机软件创建虚拟机，在虚拟机上安装 CentOS 6.7 作为开发平台。本章介绍了虚拟机的概念和常用的虚拟机软件，以及常见的 Linux 发行版本，讲解了虚拟机平台 VMware Workstation Player 的安装使用和 CentOS 6.7 在其上的安装过程。

思考与练习

1．尝试使用 Virtual PC 和 VirtualBox 虚拟机软件。
2．尝试在虚拟机中安装其他 Linux 发行版。
3．在安装好的 CentOS 6.7 上练习 Linux 的常用命令，熟悉 Linux 的日常使用。

第 3 章　搭建 C 语言开发环境

虽然在上一章安装 CentOS 6.7 时，选择了 Software Development Workstation 预定套餐，套餐包含了 C 语言开发工具集（编译器 gcc 和调试器 gdb）。但为了使得开发过程更方便、高效，还需要对开发环境做一些必要的配置。

3.1　IDE 和分步开发

相信大多数读者朋友都在 Windows 平台下学习过开发 C#应用程序。只需要安装微软的 Virtual Studio，在里面新建项目，设计界面，编写代码，点击工具栏上的“启动”按钮，就可以运行程序，整个过程都在 Virtual Studio 中完成。

实际上，要产生一个独立运行的应用程序，需要经过编码（编写源代码）、编译、链接等步骤。如果在测试过程中出现逻辑错误，还可能需要通过调试等手段发现错误，再回头改正错误，重新编译、链接。

因此，开发一个应用程序的步骤如图 3-1 所示。

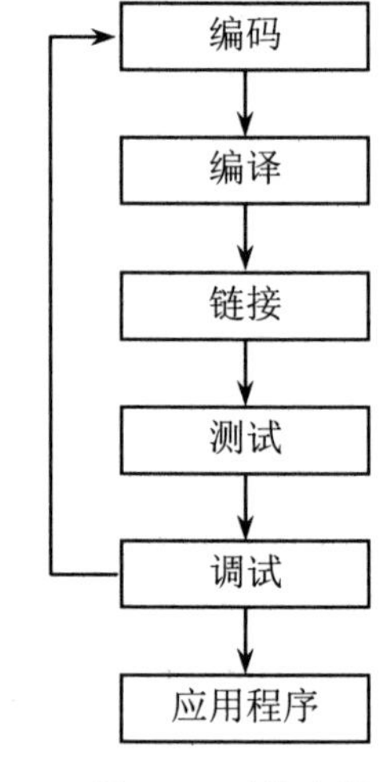

图 3-1　开发步骤

在 Windows 平台下，类似 Virtual Studio 这样集成了编码、编译、链接、调试等功能的开发工具有很多。像这种把多个开发步骤集成到一个软件里的开发环境称为 IDE（Integrated Development Environment，集成开发环境）。

在 Linux 平台下，虽然也有 Anjuta、Eclipse 等集成或半集成的开发工具，但大多数时候，开发人员还是喜欢把编码、编译、链接、调试等步骤独立完成，在编译、链接阶段使用 GNU 编译器 gcc，并且使用 make 工具管理项目。很多开源的 Linux 应用都是以 make 格式发布源代码。为了让读者朋友更加深入地了解 Linux 应用程序的开发过程，本书也采用了分步骤开发的方式，并且采用常用的开发工具：使用 gnome 自带的编辑器 gedit 编码；使用 gcc 编译链接；使用 gdb 调试；使用 make 管理项目。

3.2　安装 C 语言开发工具集

上一个任务中，我们安装 CentOS 6.7，定制需要安装的软件包时，选择了 Software Development Workstation 套餐，该套餐除包含基本的 Linux 和桌面系统外，还包含了 C 语言开发工具集（编译器 gcc 和项目管理工具 autoconf、make 等）。但是，有些读者朋友可能选择了别的套餐，没有包含 C 语言开发工具集，所以，有必要在这里讲解后期手工安装 C 语言开发工具集的方法和步骤。

在 CentOS 里，安装软件大致有三种方法：

（1）通过源代码编译安装。

（2）RPM 方式安装。

（3）YUM 方式安装。

其中，第 1 种方法最麻烦，经常会因为配置的问题导致安装不成功，不适合初学者使用。

第 2 种方法使用的是已经编译好的二进制安装包，只要选择正确的版本，就不存在安装不成功的问题。但是，很多时候 RPM 安装包之间存在着复杂的依赖关系，安装 A 软件包之前必须先安装 B 软件包，而想安装 B 软件包，又必须先安装 C 软件包。这种复杂的依赖关系往往会把使用者搞得晕头转向。

第 3 种方式以 RPM 软件包为基础，自动解析软件包之间的依赖关系。如果 A 依赖 B，B 依赖 C，那么在安装 A 时，YUM 会先安装 C，再安装 B，最后安装 A。所以，YUM 方式是三种安装方式中最简单易用的一种。

使用 YUM 之前，需要设置安装源。所谓安装源是指安装包的来源。安装源可以是 http 协议的站点，或者 ftp 协议的站点，还可以是本地文件系统。由于 CentOS 6.7 的安装光盘里已经包含了完整的 C 语言工具集，所以，这里将安装光盘作为安装源。

要使用安装光盘作为安装源的前提是系统能够访问安装光盘。要想让系统能够访问光盘，必须先把光盘挂载到文件系统中。因为使用的安装光盘是映像文件的形式，而且 CentOS 6.7 以虚拟机的形式存在，所以，通过虚拟机平台的菜单功能把安装光盘放入光驱（如图 3-2、图 3-3 所示）。

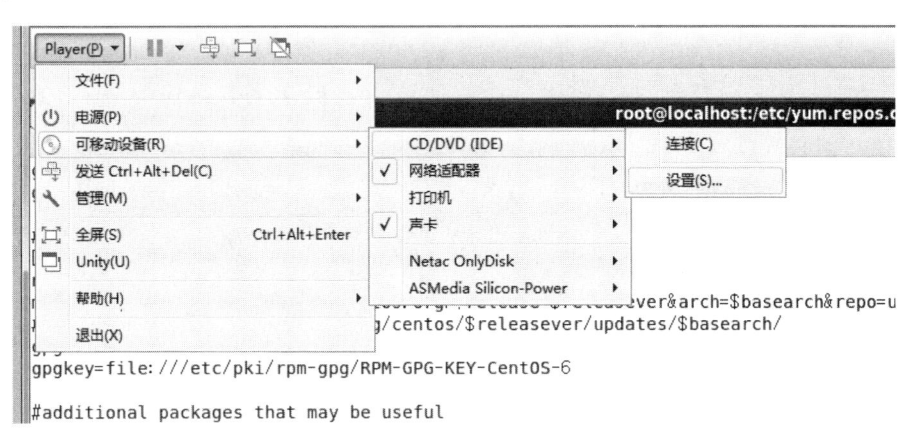

图 3-2　把安装光盘放进光驱 1

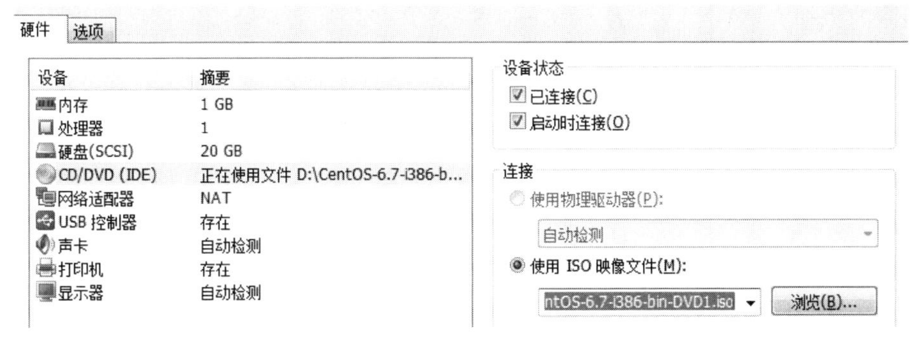

图 3-3　把安装光盘放进光驱 2

C 语言工具集安装包都在第 1 张安装光盘中，所以，需要把 CentOS-6.7-i386-DVD1.iso 放入光驱，注意勾选“设备状态”栏的“已连接”复选框（如图 3-3 所示）。勾选“已连接”复选框相当于关上物理光驱的仓门。

在默认状态下，CentOS 6.7 的图形用户接口 GNOME 自动挂载光盘，并在桌面上放置光盘的快捷方式。所以，当把 CentOS-6.7-i386-DVD1.iso 放入光驱后，GNOME 桌面上会自动出现如图 3-4 所示的图标。

如图 3-5 所示，通过在终端中运行不带任何选项和参数的 mount 命令，可以查看光盘的挂载情况。

图 3-4　默认自动挂载光盘

```
[root@localhost ~]# mount
/dev/mapper/VolGroup-lv_root on / type ext4 (rw)
proc on /proc type proc (rw)
sysfs on /sys type sysfs (rw)
devpts on /dev/pts type devpts (rw,gid=5,mode=620)
tmpfs on /dev/shm type tmpfs (rw,rootcontext="sys
/dev/sda1 on /boot type ext4 (rw)
none on /proc/sys/fs/binfmt_misc type binfmt_misc
gvfs-fuse-daemon on /root/.gvfs type fuse.gvfs-fu
/dev/sr0 on /media/CentOS_6.7_Final type iso9660
```

图 3-5　通过 mount 命令查看光盘挂载情况

在图 3-5 中，/dev/sr0 即是光盘的设备名，我们平时经常使用的设备名/dev/cdrom 实际上是系统按照我们的使用习惯创建的 sr0 的软连接（也称为符号连接），在使用中 cdrom 和 sr0 是等效的。系统把光盘挂载到/media/CentOS_6.7_Final 目录下。记住这个目录，配置安装源时要用到它。

配置 yum 安装源需要在指定目录/etc/yum.repos.d/下生成安装源配置文件，配置文件可以是任意名字，但必须以.repo 作为扩展名。

```
[root@localhost ~]#cd    /etc/yum.repos.d/
[root@localhost yum.repos.d]#vim    CentOS-DVD.repo
[DVD]
name = CentOS 6.7 dvd
baseurl = file:///media/CentOS_6.7_Final/
enabled = 1
gpgcheck = 0
```

配置文件中各行意义说明如下：

1．[DVD]

安装源的识别名字，可以自定义。CentOS 6.7 允许有多个安装源同时存在，每个安装源的识别名字必须唯一。

2．name

对安装源的描述，可以自定义。

3．baseurl

安装源所在地。这是配置文件中最重要的一行，它指明了安装源具体的 URL 地址。可以使用三种格式的 URL：

1）http 协议的站点 http://......；

2）ftp 协议的站点 ftp://......；

3）本地文件系统中的某个目录 file://......。

我们使用的安装源所在地是系统安装光盘，所以写法是

```
baseurl = file:///media/CentOS_6.7_Final/
```

写法中的 file:后面跟了三个斜杠/，很多读者朋友对这里有疑惑。实际上，file://表明安装源是本地的文件系统，/media/CentOS_6.7_Final/则是安装光盘的挂载点的绝对路径。它们合在一起就出现了连续的三个斜杠/。

4．enabled

表示是否启用当前安装源，0 表示不启用，1 表示启用。

5．gpgcheck

表示是否检查安装包的来源。yum 可以通过核对安装包的数字签名保证安装包的安全性。0 表示不检查，1 表示检查。由于这里的安装源是系统的安装光盘，安装包自然是安全的，为了方便，我们省去了核对签名的步骤。

创建安装源配置文件后，还不能直接使用。系统在安装时已经预置了以下几个安装源配置文件。每个配置文件里又预置了一个或者多个安装源。

```
CentOS-Base.repo
CentOS-Debuginfo.repo
CentOS-fasttrack.repo
CentOS-Media.repo
CentOS-Vault.repo
```

其中，CentOS-Media.repo 即是以安装光盘作为安装源的配置文件。其他几个是基于 CentOS 官方站点的安装源配置文件。我们的系统目前未连接到网络上，所以，使用 yum 时会出现类似如下这样的错误。

```
Couldn't resolve host 'mirrorlist.centos.org'
```

可以打开配置文件逐一禁用安装源，但更简单的办法是把每个安装源配置文件改名。由于我们自己创建了安装光盘的安装源配置文件，所以，系统预置的以安装光盘作为安装源的配置文件也一并改名。如图 3-6 所示是把系统预置安装源配置文件改名为.bak 后，只保留自己创建的 CentOS-DVD.repo 目录的文件列表。

```
mv  CentOS-Base.repo  CentOS-Base.repo.bak
mv  CentOS-Debuginfo.repo  CentOS-Debuginfo.repo.bak
mv  CentOS-fasttrack.repo  CentOS-fasttrack.repo.bak
mv  CentOS-Media.repo  CentOS-Media.repo.bak
mv  CentOS-Vault.repo  CentOS-Vault.repo.bak
```

```
[root@localhost yum.repos.d]# ll
总用量 28
-rw-r--r--. 1 root root 1991 8月   4 2015 CentOS-Base.repo.bak
-rw-r--r--. 1 root root  647 8月   4 2015 CentOS-Debuginfo.repo.bak
-rw-r--r--. 1 root root   95 4月  28 23:37 CentOS-DVD.repo
-rw-r--r--. 1 root root  289 8月   4 2015 CentOS-fasttrack.repo.bak
-rw-r--r--. 1 root root  630 8月   4 2015 CentOS-Media.repo.bak
-rw-r--r--. 1 root root 6259 8月   4 2015 CentOS-Vault.repo.bak
```

图 3-6　把其他安装源配置文件改名

yum 除了在安装单个软件包时自动处理软件包之间的依赖关系外，为了方便用户，还把相关功能的软件包打包成组。为了简单起见，我们以组为单位安装软件包。执行

```
yum  grouplist
```

命令，可以看到有一个名为“开发工具”的组。执行

```
yum  groupinfo  开发工具
```

之后，如图 3-7 所示，可以看到“开发工具”组里包含了 C 语言编译器 gcc 以及其他一些工具。

```
[root@localhost ~]# yum groupinfo 开发工具
已加载插件: fastestmirror, refresh-packagekit
设置组进程
Loading mirror speeds from cached hostfile

组: 开发工具
 描述: 基本开发环境。
 必要的软件包:
   autoconf
   automake
   binutils
   bison
   flex
   gcc
   gcc-c++
   gettext
   libtool
   make
```

图 3-7　开发工具软件包组

使用命令“yum groupinstall 开发工具”安装开发工具组。如图 3-8 所示，yum 先分析各软件包之间的依赖关系，列出需要安装的软件包和为依赖而安装的软件包。

```
[root@localhost ~]# yum groupinstall 开发工具
已加载插件: fastestmirror, refresh-packagekit, security
设置组进程
Loading mirror speeds from cached hostfile
包 1:make-3.81-20.el6.i686 已安装并且是最新版本
包 patch-2.6-6.el6.i686 已安装并且是最新版本
包 1:pkgconfig-0.23-9.1.el6.i686 已安装并且是最新版本
包 gettext-0.17-18.el6.i686 已安装并且是最新版本
包 binutils-2.20.51.0.2-5.43.el6.i686 已安装并且是最新版本
包 elfutils-0.161-3.el6.i686 已安装并且是最新版本
包 cvs-1.11.23-16.el6.i686 已安装并且是最新版本
解决依赖关系
--> 执行事务检查
---> Package autoconf.noarch 0:2.63-5.1.el6 will be 安装
---> Package automake.noarch 0:1.11.1-4.el6 will be 安装
---> Package bison.i686 0:2.4.1-5.el6 will be 安装
---> Package byacc.i686 0:1.9.20070509-7.el6 will be 安装
```

图 3-8　安装工具软件包组

分析完依赖关系后，如图 3-9 所示，yum 列出此次安装需要的磁盘空间，并询问是否确认安装。

```
事务概要
===========================
Install       46 Package(s)

总下载量: 71 M
Installed size: 201 M
确定吗? [y/N]:
```

图 3-9　安装确认

输入“y”确认后，yum 开始安装，如图 3-10 所示。

安装完成后可以使用查看版本的方法 gcc --version 检查安装结果，如图 3-11 所示。如果能够正确显示 gcc 版本信息，说明开发工具组安装成功；否则，请检查原因，重新安装。

```
正在安装    : ppl-0.10.2-11.el6.i686
正在安装    : cloog-ppl-0.15.7-1.2.el6.i686
正在安装    : gcc-4.4.7-16.el6.i686
正在安装    : systemtap-devel-2.7-2.el6.i686
正在安装    : libgcj-4.4.7-16.el6.i686
```

图 3-10 开发工具软件包组安装过程

```
[root@localhost ~]# gcc --version
gcc (GCC) 4.4.7 20120313 (Red Hat 4.4.7-16)
Copyright © 2010 Free Software Foundation, Inc.
本程序是自由软件；请参看源代码的版权声明。本软件没有任何担保；
包括没有适销性和某一专用目的下的适用性担保。
[root@localhost ~]#
```

图 3-11 检查安装结果

需要说明的是，为了简单起见，我们以组为单位安装 C 语言工具集。在“开发工具”组里，除了 C 语言工具集外，还包含了很多其他开发工具，比如 C++开发工具、Perl 开发工具，安装的所有软件包占用 201MB 的磁盘空间。读者可以根据需要卸载不必要的开发工具。

3.3 优化 gedit 编码环境

类似于 Windows 平台的记事本，gedit 是 Linux 平台 GNOME 桌面环境下的文本编辑器，同时也是一个自由软件，简单易用。与 Windows 平台的记事本相比，gedit 要强大得多。归纳起来，gedit 具有以下功能和特点：

（1）可以自动缩进。自动缩进对编写程序代码特别有用，能够使得代码错落有致、层次清晰，方便阅读、理解和调试。

（2）可以设置 tab 键的格式。可以根据个人爱好设置 tab 键宽度，还可以设置使用空格代替 tab 键。

（3）能够显示行号、列号。行号、列号对程序设计特别重要，如果编译出错，编译器会显示出错的行号、列号和错误信息，根据行号和列号，可以快速定位出错代码。

（4）能突出显示当前行。

（5）能够突出显示匹配的（大、中、小）括号。这个功能对于多层嵌套的代码特别有用，可以清楚地看到每一层嵌套的开始位置和结束位置。

（6）对于超长单行文本能够自动换行，还能智能识别英语单词，自动换行时避免把一个单词拆成两行。

（7）可以随意改变字体大小、颜色、风格。

（8）支持 UTF-8 和 ASCII 等多种编码，对中文的支持很好，支持包括 gb2312、gbk 在内的多种中文字符编码。

（9）可以识别包括 C 语言在内的多种程序设计语言，根据不同的语言实现语法高亮，以不同的颜色突出显示关键字和标识符。

以上所列的 gedit 的功能和特点中，有些是 gedit 的默认设置，有些则不是默认设置，需要人工开启。为了方便 C 语言程序设计，下面通过设置 gedit 的选项来优化编码环境。

单击桌面系统菜单栏的“应用程序→附件→gedit 文本编辑器”打开 gedit。如图 3-12 所示是 gedit 启动后的界面，与 Windows 下的图形界面编辑器布局相似，从上而下分别是标题栏、菜单栏、工具栏、文档标签栏、文档编辑区和状态栏。由于 gedit 是一个多文档编辑器，可以同时打开多个文档进行编辑，所以，相比一般的单文档编辑器，多了一个文档标签栏，每个文档标签上显示该文档的文件名，可以通过单击文档标签切换编辑文档。

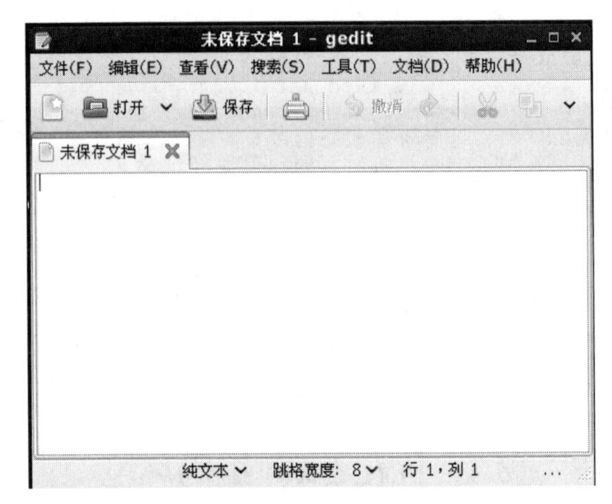

图 3-12　gedit 初始界面

单击菜单“编辑→首选项”打开 gedit 的首选项。如图 3-13 所示，在“查看”选项卡中，勾选“显示行号”和“突出显示当前行”复选框。在“编辑器”选项卡中设置“跳格宽度”为 4 个字符，勾选“启用自动缩进”复选框。

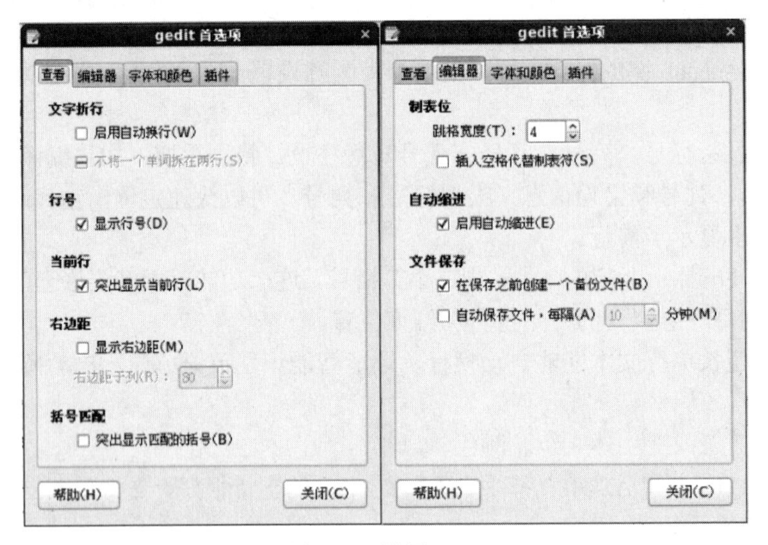

图 3-13　设置 gedit

经过简单的设置后，加上 gedit 固有的语法高亮功能，已经可以比较顺手地编写 C 语言程序了。

当在如图 3-14 所示的第 5 行末尾回车换行时，gedit 的自动缩进功能在新行首自动添加与上一行相同的空白符（tab 键或空格），把光标定位在与上一行相同的列位置。但是，自动缩进功能并不能根据代码所处的层次智能缩进，比如在第 4 行的“{”后面回车换行时，光标仍然定位在新行的第 1 列，而不是我们所希望的缩进一个制表符的位置。

图 3-14　初步测试 gedit

幸好，gedit 比我们想象的要强大，它具有开放的插件支持特性，可以通过安装不同的插件增强或扩展功能。下面就通过安装插件使得 gedit 在编写 C 语言程序时更加智能一些。

CentOS 6.7 的安装光盘上收集了一些 gedit 插件，打包存放在 gedit-plugins 软件包，可以通过 yum 安装该软件包。

```
yum  install  gedit-plugins
```

软件包很小，只有 238KB，安装后占用磁盘空间 1MB。安装后重启 gedit，打开首选项的插件选项卡，如图 3-15 所示，可以看到里面很多插件，有些插件在安装 CentOS 6.7 时已经安装，有些插件是在刚才安装 gedit-plugins 软件包时安装的。其中，Bookmarks 插件可以在文档中插入书签，方便下次编辑时跳转到指定位置；“代码注释”插件允许整体注释选中的文本行；“括号补全”插件根据左括号的类型（大、中、小括号）自动插入对应的右括号；“缩进行”插件允许对选中的文本行整体缩进或取消缩进。选中这些插件能够大大方便我们进行 C 语言程序设计。

图 3-15　激活 gedit 插件

除了安装光盘里收集的插件外，GNOME 官方网站还提供了很多其他插件。插件的下载网址是 http://live.gnome.org/Gedit/Plugins，下载时需要根据 gedit 的版本选择相应的插件版本。可以从 gedit 菜单栏的“帮助→关于”查看 gedit 的版本。CentOS 6.7 自带的 gedit 版本为 2.28.4。下载插件时应该选择对应 gedit 2 的版本。

我们需要下载的是 csmartindent 插件。这个插件的功能是根据 C 语言代码所处的层次智能缩进。csmartindent 插件以 tar 格式打包、gzip 格式压缩，下载文件名为 csmartindent.tar.gz。

我们的桌面系统都是 Windows 系列，而且到目前为止，我们安装的 CentOS 6.7 尚未联网，还处于单机状态。所以，我们使用 Windows 平台下载 csmartinden 插件。插件下载后，我们遇到了难题：怎么把插件从 Windows 复制到 CentOS 6.7 中？

实现 Windows 和 Linux 之间的文件共享有很多方法，比如 SAMBA、FTP、SSH 等。但这些方法在使用前需要做一些稍微复杂的准备工作，需要配置 Linux 的网络参数，还可能需要配置 Linux 相关服务。这里我们使用最简单最直接的方法：把 U 盘作为文件共享介质。

由于 Linux 无法识别 NTFS 格式的文件系统，所以使用 U 盘复制文件前需要保证 U 盘分区的文件系统是 FAT32 格式。把 csmartindent.tar.gz 复制到 U 盘根目录（可以是任意目录，这里放在根目录是因为使用命令复制时路径最简短）。关闭 Windows 中正在使用的 U 盘中的文件，比如打开的 Word 文档、PPT 演示文稿等。如图 3-16 所示，右键单击 VMware Workstation Player 右上角的 U 盘图标，选择“连接（与主机断开连接）”，这时相当于把 U 盘直接插入到 CentOS 6.7 中。如果 GNOME 启用了自动挂载可移动介质功能，则系统会自动挂载 U 盘分区，桌面上会出现 U 盘的图标，同时打开一个 U 盘根目录的内容管理器窗口，如图 3-17 所示，可以在这里用鼠标直接进行文件的复制、粘贴操作。下面介绍终端窗口下的命令操作。

图 3-16　把 U 盘插入到虚拟机

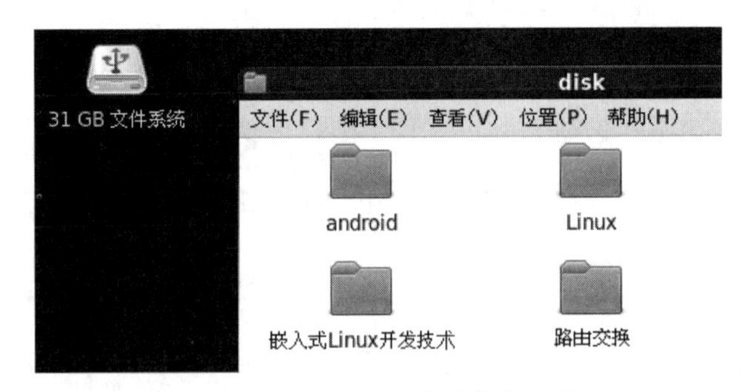

图 3-17　CentOS 6.7 自动挂载 U 盘

如果 GNOME 不自动挂载 U 盘分区，我们需要人工挂载（如果 GNOME 已经自动挂载 U 盘分区，则忽略这一步）。先执行 fdisk -l 命令查看 U 盘分区的设备名。如图 3-18 所示是

fdisk -l 命令的输出结果。

```
Disk /dev/sdb: 31.5 GB, 31457280000 bytes
1 heads, 27 sectors/track, 2275555 cylinders
Units = cylinders of 27 * 512 = 13824 bytes
Sector size (logical/physical): 512 bytes / 512 bytes
I/O size (minimum/optimal): 512 bytes / 512 bytes
Disk identifier: 0x00000000

   Device Boot      Start         End      Blocks   Id  System
/dev/sdb1               2     2275556    30719984    c  W95 FAT32 (LBA)
```

图 3-18　使用 fdisk -l 查看 U 盘分区的设备名

从图 3-18 可以看到，U 盘的设备名是/dev/sdb（不同的系统 U 盘的设备名不一样），U 盘分区的设备名是/dev/sdb1。选定一个空目录作为挂载点（假设使用/mnt），把/dev/sdb1 挂载到挂载点。

```
mount  /dev/sdb1  /mnt
```

由于 CentOS 6.7 能自动识别 FAT32 文件系统，所以在 mount 命令中可以省略关于文件系统类型的选项。

不管是自动挂载还是人工挂载，执行不带任何选项和参数的 mount 命令都可以看到 U 盘分区的挂载点。

```
[root@localhost ~]# mount
/dev/mapper/VolGroup-lv_root on / type ext4 (rw)
proc on /proc type proc (rw)
sysfs on /sys type sysfs (rw)
devpts on /dev/pts type devpts (rw,gid=5,mode=620)
tmpfs on /dev/shm type tmpfs (rw,rootcontext="system
/dev/sda1 on /boot type ext4 (rw)
none on /proc/sys/fs/binfmt_misc type binfmt_misc (r
gvfs-fuse-daemon on /root/.gvfs type fuse.gvfs-fuse-
/dev/sdb1 on /media/disk type vfat (rw,nosuid,nodev,
```

图 3-19　查看 U 盘挂载点

图 3-19 是 gnome 自动挂载 U 盘分区的结果，挂载点被自动设定为/media/disk，如果采用上面的人工挂载，则挂载点为人工选定的挂载点/mnt。下面的复制命令中的源文件路径应该根据挂载点的实际情况做出相应的变化。

成功挂载 U 盘分区后，把 csmartindent.tar.gz 从 U 盘复制到 home 目录（当前用户是 root，默认 home 目录是/root）。

```
cp  /media/disk/csmartindent.tar.gz  ~
```

或者

```
cp  /mnt/csmartindent.tar.gz  ~
```

命令中的~表示当前用户的 home 目录，源文件使用了全路径（绝对路径）的表达方式，在实际操作中可以根据当前所处目录使用简短的相对路径。

文件复制完成后，使用 eject 命令安全弹出 U 盘（弹出 U 盘时，不要运行 U 盘中的程序，不要打开 U 盘里的文件，当前位置不在 U 盘里）。

```
eject  /dev/sdb
```

eject 命令直接断开 U 盘与物理主机的物理连接，相当于执行了 Windows 下的弹出 U 盘操作。如果只是想让 U 盘从 Linux 断开，回到 Windows 下，只需要卸载 U 盘分区（卸载 U 盘分区时，不要运行 U 盘中的程序，不要打开 U 盘里的文件，当前位置不在 U 盘里）。

```
umount  /dev/sdb1
```

如果采用弹出方式，U 盘必须从宿主机拔出后重新插入，Windows 才能访问 U 盘。

如果采用卸载方式，卸载 U 盘分区后，右键单击 VMware Workstation Player 右上角的 U 盘图标，选择“断开连接（连接主机）”，如图 3-20 所示，U 盘重新插入到宿主机的 Windows 系统中。

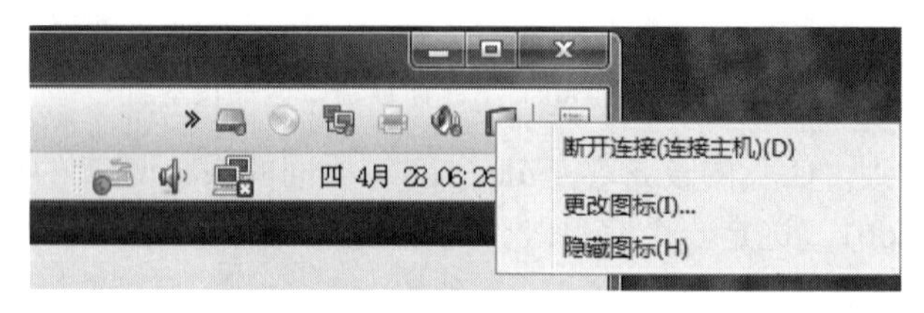

图 3-20　U 盘重新插入到宿主机

回到 CentOS 6.7 中，为了方便操作，把当前目录切换到 home 目录，使用 tar 命令解压 csmartindent 插件。

```
cd  ~
tar  -zxvf  csmartindent.tar.gz
```

查看目录内容，可以看到，csmartindent 解压出两个文件：

```
csmartindent.gedit-plugin
csmartindent.py
```

如图 3-21 所示是解压后的目录内容列表。

```
[root@localhost ~]# ll
总用量 132
-rw-------. 1 root root 2195 4月  27 19:30 anaconda-ks.cfg
-rw-r--r--. 1 1000 1000  292 3月   1 2009 csmartindent.gedit-plugin
-rw-r--r--. 1 1000 1000 5034 3月   1 2009 csmartindent.py
-rwxr-xr-x. 1 root root 1960 4月  28 06:16 csmartindent.tar.gz
```

图 3-21　解压出来的文件

把这两个文件复制到~/.gnome2/gedit/plugins 目录下。~/.gnome2/gedit/plugins 是 gedit 专门放置当前用户插件的目录，为了方便描述，以下简称插件目录。在插件目录表达式中，“~”表示当前用户的 home 目录，也就是说，不同用户的插件目录不一样。.gnome2 是一个隐藏目录，平时使用 ll 命令看不到它，要看到它，必须加上-a 选项。

```
ll  -a
```

如果以前没有安装过第三方的插件，gedit/plugins 目录可能并不存在，使用 mkdir 命令加上-p 选项一并建立它们。

```
cd  ~/.gnome2
mkdir  -p  gedit/plugins
```

为了方便复制，先把当前目录切换到 plugins 下。接上述命令

```
cd  gedit/plugins
cp  ~/ csmartindent.gedit-plugin  .
cp  ~/ csmartindent.py  .
```

csmartindent 插件安装完毕，重启 gedit。在 gedit 选项的插件标签页就可以看到该插件，如图 3-22 所示，选中该插件，gedit 即可根据 C 语言代码所处的位置智能缩进，如图 3-23 所示。

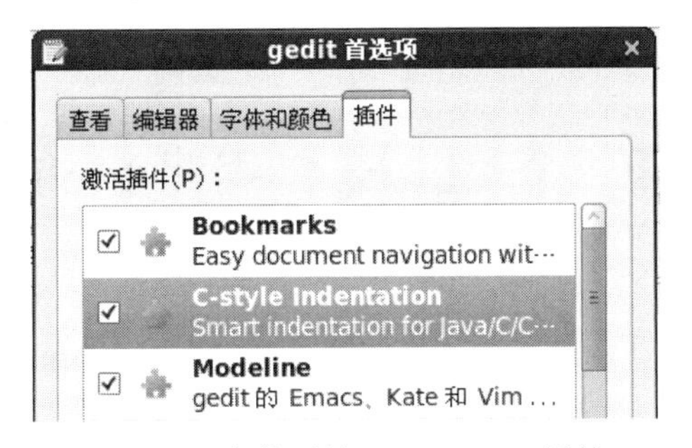

图 3-22　安装后的 csmartindent 插件

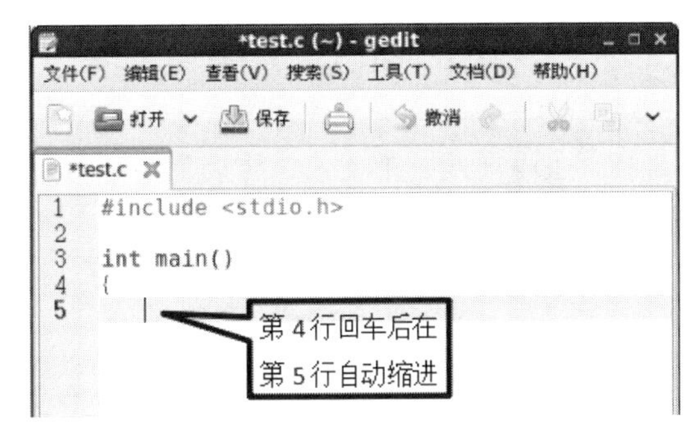

图 3.23　csmartindent 插件的自动缩进效果

至此，我们安装了 C 语言工具集，通过设置 gedit 的选项和安装插件优化了 gedit 的编码环境，得到了一个比较顺手好用的 C 语言代码编辑器。下一章我们将真正开启 Linux C 语言程序设计之旅。

小结

Linux 开发常常采用分步开发的方式，即把编码、编译、链接等步骤分开进行，每一步都有对应的工具软件。在 Linux 中，这些工具软件都是可选的软件包，可以跟随系统一起安装，也可以单独安装。本章介绍了使用 YUM 的方式单独安装开发工具的方法和步骤。为了后续的学习更加方便，介绍了如何使用内置选项以及插件优化编码器 gedit。

思考与练习

1. 开发一个应用程序的步骤有哪些？每个步骤有什么作用？
2. 除了本章所列插件外，尝试从网上下载并安装 gedit 的其他插件。
3. 查找资料，了解 Linux 下除了 gedit 外还有哪些常用的编辑器。

第 4 章　第一个 Linux C 程序 Hello world!

从现在开始，我们从最基本最简单也是最经典的 Hello world!程序开始，真正开启 Linux 下 C 语言程序设计之旅。如上一章所述，一个应用程序的开发，需要经过编码、编译、链接、测试、调试等步骤，下面就按步骤讲解 Hello world!程序的开发过程。

4.1　准备工作

为了方便管理和以后查找，在当前用户的 home 目录下新建名为 C 的目录，用于存放本章以及后续章节的所有 C 语言程序。

```
cd  ~
mkdir  Linux-C（大写）
```

需要大家注意的是，Linux 是严格区分目录名的大小写的，以后使用此处新建的 Linux-C 目录时应注意大小写。

我们都知道，计算机硬件是不可能直接识别我们编写的类似人类语言的程序代码的，必须经过编译器的编译、链接，转换成二进制的机器指令才能运行。在程序的开发过程中，就会存在我们编写代码的文件和编译、链接后产生的机器指令文件。在日常的使用中，有些人把这两种文件都称为“程序”，这显然很容易引起混淆。所以，为了方便后面描述和大家的理解，在开始编写程序之前，我们先解决好涉及到的不同类型文件的名称和一些术语的定义。

如前所述，用于编写代码的文件称为“源程序”“源文件”或者“源代码”“代码”。有时候，“源程序”和“源文件”并不单指手工输入的代码，还有可能包括开发工具自动产生的与程序开发相关的原始文件，比如 IDE 自动产生的工程文件、配置文件等。根据上下文，“源代码”和“代码”有可能指代整个源程序文件，也有可能指代源程序中的代码片段。编译、链接后产生的能直接运行的机器指令文件称为“程序”。有时候，“程序”一词还用来表达从源文件到机器指令文件等一系列步骤以及期间涉及的文件。大家遇到这些术语时需要结合上下文来理解。

4.2　编写代码

打开 gedit 编辑器，默认有一个名为“未保存文档 1”的新建文档。因为 gedit 的语法高亮是针对具体的程序设计语言的，同一个关键字在不同的程序设计语言中可能有不同的含义，所以，gedit 首先要判断文件的类型才能实现语法高亮。此外，额外安装的 csmartindent 插件是专门针对 C 语言程序的智能缩进。所以，想在 gedit 内实现 C 语言程序的语法高亮和智能缩进，首先得让 gedit 知道所编辑的文件是 C 语言源程序。

gedit 根据文档的文件名判断文件类型。C 语言程序的标准文件名为*.c。所以，需要先把“未保存文档 1”保存成.c 文件。单击工具栏上的保存按钮，在弹出的如图 4-1 所示的“另存为..."对话框里，在位置列表框选择/root/下的 Linux-C 目录，在"名称(N)"输入 helloworld.c，单击"保存"按钮，即可把文档保存为 helloworld.c。

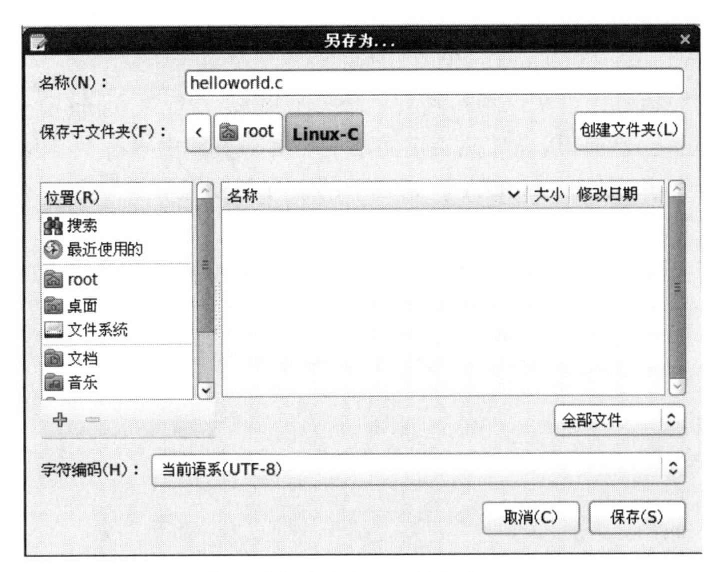

图 4-1　把"未保存文件 1"保存为 helloworld.c

在 helloworld.c 中输入如下代码：

【程序 4.2】

```
1    #include   <stdio.h>
2    #include   <stdlib.h>

3    int   main()
4    {
5            printf("Hello world!\n");
6            return EXIT_SUCCESS;
7    }
```

为了后面讲解方便，在每一行代码前面加了一个序号（1～7）。序号并不属于程序代码，读者朋友在书写代码时请忽略序号。为了使代码保持清晰易读，书写代码时注意缩进和分段，比如上面代码中第 5、6 行的缩进以及第 2、3 行之间的分段。

程序解读：

这是一个简单的 C 语言程序，程序各行意义如下：

第 1～2 行：包含 stdio.h 和 stdlib.h 头文件。

C 语言规定，包含常量、变量和函数在内的任何标识符都必须遵循先声明后使用的原则。为了使得程序结构更加清晰，一般把函数的声明和实现分开，实现部分放在.c 源文件中，声明部分放在 .h 头文件中。使用该函数的代码只需要在文件的开头包含相应的头文件即可。第 5 行使用的 printf()函数在 stdio.h 中声明，第 6 行的常量 EXIT_SUCCESS 在 stdlib.h 中声明，所以，程序的开头包含 stdio.h 和 stdlib.h 头文件。

第 3 行：main()是 C 语言程序的主函数，也就是说，C 语言程序的入口点。把程序加载到内存后，从 main()开始执行。main()函数返回一个整数值给调用进程，以表示程序运行结果的状态。一般情况下，返回 0 值表示程序运行的结果达到了期望值，非 0 值表示程序运行过程中发生了错误。为了方便程序开发人员的使用，提高程序的可读性，C 语言在 stdlib.h 中定义了两个常量 EXIT_SUCCESS 和 EXIT_FAILURE 分别表示程序的不同返回值。其中 EXIT_SUCCESS 等于 0，EXIT_FAILURE 等于 1。

第 4 行：左侧大括号和第 7 行的右侧大括号表示第 5、6 行是 main()函数的代码。

第 5 行：printf()函数的作用是按照指定的格式在屏幕上输出字符串以及变量的值。本程序在屏幕上输出一行文字：Hello world!。C 语言中的字符串要用双引号引起来。"Hello world!\n" 字符串最后的“\n”是转义字符。

什么是转义字符呢？假设一个任务，我们需要在屏幕上输出两行文字：

```
Hello world!
I am Zhangsan.
```

有些读者朋友理所当然地把代码写成这样：

```
printf("Hello world!
            I am Zhangsan.");
```

或者这样：

```
printf("Hello world!");
printf("I am Zhangsan.");
```

但无论是使用一个 printf()函数还是使用两个 printf()函数把字符串分开，程序运行的结果都只是在屏幕上输出 1 行文字：

```
Hello world!I am Zhangsan.
```

为什么呢？在 C 语言程序代码中，任何回车换行在编译时都将被编译器忽略。printf()会接着上一次的输出结束位置输出本次的信息。如果中间没有明确换行，则本次的输出会和上次的输出连成一行。

所以，为了输出两行文字，我们必须在程序代码中明确地向屏幕输出一个换行符。

我们怎么在字符串里插入换行符呢？经历过上面的失败，大家都明白不能直接在字符串中间敲回车键。这就需要使用到“转义字符”。

所谓“转义字符”，就是在 C 语言的字符串中，以“\”开头，后面跟一个或多个特定字符所组成的代表另外意义的字符子串，形如“\n”“\t”等。转义字符的作用是用来表达一些无法直接在代码里表达的字符，比如“换行符”。之所以称为“转义字符”，意思是说，所要表达的字符并不是字面上看上去的字符，而是另外一个字符。比如“\n”，意思并不是“\”和“n”两个字符，而是表示换行符。

有了转义字符，上面的任务就能实现了。可以写成

```
printf("Hello world!\nI am Zhangsan.");
```

或

```
printf("Hello world!\n");
printf("I am Zhangsan.");
```

或

```
printf("Hello world!");
printf("\n");
printf("I am Zhangsan.");
```

或

```
printf("Hello world!");
printf("\nI am Zhangsan.");
```

转义字符可以出现在字符串的任意位置。

常用的转义字符如表 4-1 所示。

表 4-1　常用转义字符

字符	意义
\n	换行
\t	制表符（tab）
\'	单引号。在 C 语言里，单引号用来括起字符，如果单引号直接出现在字符串里就会出现混乱，所以字符串中的单引号字符必须使用转义字符来表达。比如字符串 Tom's age 在 C 语言里写成："Tom\'s age"
\"	双引号。在 C 语言里，双引号用来括起字符串，如果双引号直接出现在字符串里会出现混乱，所以字符串中的双引号字符必须使用转义字符来表达。比如 the "good" man 在 C 语言里写成："the \"good\" man"
\\	反斜杠\。反斜杠已经被用来表达转义字符，所以，如果反斜杠本身作为字符需要写成连续的两个反斜杠
\?	问号

第 6 行：返回 EXIT_SUCCESS 值给调用进程表示程序运行正确。

4.3　编译、链接程序

切换到 Linux-C 目录，使用 gcc 编译链接 helloworld.c。

```
cd  ~/Linux-C
gcc  helloworld.c
```

在默认情况下，gcc 对 helloworld.c 源程序同时执行编译和链接（在不产生歧义的情况下，为了描述方便，下面把编译和链接统称编译），如果源程序没有语法错误，源代码将被编译产生一个文件名固定为 a.out 的最终程序。如果程序出现语法错误，gcc 就终止编译，并给出相关的错误信息。程序员需要根据 gcc 给出的错误信息改正源代码后再重新编译。

编译的结果 a.out 即是可执行的最终机器码程序。运行 a.out，即可得到我们期望的结果，如图 4-2 所示，在屏幕上输出 Hello world!字符串并换行。

```
[root@localhost Linux-C]# gcc helloworld.c
[root@localhost Linux-C]# ll
总用量 12
-rwxr-xr-x. 1 root root 4652 4月  28 07:28 a.out
-rw-r--r--. 1 root root   73 4月  28 07:27 helloworld.c
-rw-r--r--. 1 root root    0 4月  28 07:26 helloworld.c~
[root@localhost Linux-C]# ./a.out
Hello world!
[root@localhost Linux-C]# █
```

图 4-2　编译并运行程序

运行程序的命令是

```
./a.out
```

开头的“.”表示当前目录，意思是让系统运行当前目录下的 a.out 程序。

我们在进行下一步操作之前先来了解一下编译器 gcc。

gcc 是 GNU C Compiler 的缩写，全称为“GNU C 编译器”。它是 GNU 计划下的一个产品，是 GNU/Linux 系统下的标准 C 编译器。

什么是 GNU 和 GNU/Linux 呢？话说很久以前，IT 类公司都靠出售操作系统和软件赚钱，任何操作系统和软件的使用者，都必须向商业公司支付昂贵的版权费。这一切让一个人很不满意。他要向这个令人沮丧的世风日下的现状挑战，他要还一个开源、免费的操作系统和软件与人世间。这个人就是自由软件运动的前辈和先驱者理查德·马修·斯托曼（Richard Matthew Stallman）博士。20 世纪 80 年代中期，斯托曼博士创建了自由软件基金会（Free Software Fundation，FSF），他雄心勃勃地提出了一项伟大的计划——GNU（GNU's not UNIX）计划。GNU 计划创建一套自由的、免费的、开源的、像 UNIX 一样好用的系统以及必备的软件。

看完上面一段话，可能有些读者朋友还是不太明白 GNU 计划是什么。我们打一个比方，现在正是汽车全面进入家庭的时代，某个土豪读者看到大家都花大价钱买车，特别的痛心。于是，发起了一个名为“快乐出行，0 元购车”计划。计划的目标是生产大量的汽车免费送给购车者。有读者朋友好奇，是不是汽车公司都要倒闭了？不会，只不过，汽车公司产生利润的方式发生了根本性的改变，不再从汽车销售中获利，而是改为从售后服务中获利。也就是说，汽车公司为汽车使用者提供使用咨询、维修等服务，并从这些服务中收取服务费作为利润。这个“快乐出行，0 元购车”计划就类似于 GNU 计划。

回到 GNU 本身。GNU 起初进展得很顺利，glibc、gcc、gdb，这一系列的操作系统的必备软件都在有条不紊地进展中。但完全搞出个操作系统并非易事，GNU 完成了一大堆软件的时候才意识到遇到了大麻烦。GNU 系统的内核项目 Hurd 迟迟不能令人满意。

1991 年，Linux 之父 Linus Torvalds 创建了 Linux。他当时已经在使用 GNU 项目的 bash、gcc 等软件。受 GNU 的影响，Linus 把 Linux 系统的内核源代码放到了网上，供所有人免费使用。

一边 GNU 项目为内核苦苦挣扎，一边 Linux 内核项目横空出世。手快的人把 GNU 的一大堆软件和 Linux 攒在一起搞成了一个新系统，叫做 GNU/Linux，这就是 Linux 发行版。很多人把 Linux 的发行版叫作 Linux，其实，正确的叫法是 GNU/Linux。当然，本书照顾大多数人的习惯，仍然把 GNU/Linux 简称为 Linux。

前面我们使用

```
gcc  源文件
```

的格式把 helloworld.c 编译成了最终程序 a.out。大多数时候，我们希望程序有它自己的名字，而不是千篇一律的 a.out。这时，可以给 gcc 命令加上“-o 最终程序名”的选项。执行以下命令

```
gcc  -o  helloworld  helloworld.c
```

gcc 将把 helloworld.c 编译成最终程序 helloworld（如图 4-3 所示）。

值得注意的是，与 Windows 不同，Linux 并不要求应用程序的文件名以.exe 结尾，而可以是任意名字，可带.exe 扩展名，也可以不带扩展名，还可以是其他任意扩展名。

除-o 选项外，gcc 还有很多其他选项，有些选项可以同时使用。gcc 的常用选项如表 4-2 所示。

```
[root@localhost Linux-C]# gcc -o helloworld helloworld.c
[root@localhost Linux-C]# ll
总用量 12
-rwxr-xr-x. 1 root root 4652 4月  28 08:32 helloworld
-rw-r--r--. 1 root root   73 4月  28 07:27 helloworld.c
-rw-r--r--. 1 root root    0 4月  28 07:26 helloworld.c~
[root@localhost Linux-C]# ./helloworld
Hello world!
[root@localhost Linux-C]# 
```

图 4-3　指定程序名编译并运行程序

表 4-2　gcc 常用选项对照表

选项	选项描述
-x language	指定源代码使用的语言。gcc 除可编译 C 语言源程序外，还可以编译 C++和汇编源程序。在默认情况下，gcc 根据源程序的扩展名识别源程序使用的语言。-x 用于人工指定源程序使用的语言
-c	只对源程序进行编译和汇编，生成.o 目标文件，但不进行链接
-S	把源程序编译成汇编语言源程序，生成.s 汇编程序文件，但不进行汇编和链接
-E	只对源程序进行预处理，不编译和链接。使用了此选项，如果源程序不需要预处理，则 gcc 自动忽略此源程序
-o file	指定生成的文件名。-o 选项可以和其他选项合用，不管最终生成什么类型的文件，都可以用该选项指定文件名，比如 gcc –c –o file file1.c，把 file1.c 源程序编译成名为 file 的目标文件
-v	显示 gcc 的版本信息和编译过程中的一些信息
--version	显示 gcc 的版本信息和版权信息
-fsyntax-only	只对源程序进行语法检查，不进行编译
-w	禁止所有警告信息
-Wall	显示附加的警告信息
-g	给程序添加本地操作系统格式的调试信息
-ggdb	给程序添加各种调试信息，包括 gdb 扩展的调试信息
-O0、-O(-O1)、-O2、-O3	使用不同的级别对程序进行优化，其中，-O0 指不对程序进行优化，是 gcc 的默认项，-O 和-O1 同义，O 后面跟的数字越大，表示优化的级别越高。除此之外，还有-Os 选项，对程序的体积进行优化
-I directory	指定头文件的搜索目录，指定的搜索目录将优先于系统缺省的头文件搜索目录
-l library	指定链接时使用的库文件

gcc 有一百多个选项，但大多数选项很少使用甚至从不使用，上面列出的是一些常用选项。下面以一个 for 循环小程序介绍 gcc 选项的使用。程序代码如下：

【程序 4.3】

```
1        #include  <stdio.h>
2        #include  <stdlib.h>

3        int  main()
4        {
```

```
5            int i,five,ending;
6            for (i=0; i<3*37*8000000/37; i+=(60-10)/50)
7            {
8                five=5;
9            ending=i;
10       }
11       printf("five=%d; ending=%d\n", five, ending);

12       return EXIT_SUCCESS;
13       }
```

这段代码的最终作用是在屏幕上输出字符串“five=5; ending=1500000”。代码故意加入了一个没有实质性意义的 for 循环，使得程序效率很低，以此来比较优化选项的作用。

把代码保存为 test4.3.c，使用命令

```
gcc   -o   test4.3   test4.3.c
```

编译出程序 test4.3。在运行 test4.3 前，先来认识一个系统命令 time。time 可以记录程序运行的时间，包括程序启动到结束所耗费的时间、用户级别代码使用的 CPU 时间以及系统级别代码使用的 CPU 时间。time 命令的用法是

```
time   [time 选项]   程序   [程序所需参数]
```

执行以下命令

```
time   ./test4.3
```

得到如下信息：

```
real      0m0.066s
user      0m0.037s
sys       0m0.003s
```

现在利用-O3 选项重新优化编译程序：

```
gcc   -O3   -o   test4.3   test4.3.c
```

利用 time 检测优化后的程序运行所需时间：

```
time   ./test4.3
```

得到如下信息：

```
real      0m0.003s
user      0m0.000s
sys       0m0.002s
```

对比未优化之前的程序运行时间，可以看到，程序性能得到了很大的提升，这就是-O3 选项的作用。需要注意的是，因为每一个计算机系统的环境（包括 CPU 性能、内存大小、繁忙程序等因素）都不一样，所以，读者朋友在尝试上面的程序时，得到的时间与书上所列的时间肯定不一致。即使同一个计算机系统，不同时刻的环境也是不一样的，每次尝试得到的时间也不相同。

上面的例子介绍了 gcc 的选项的使用方法。gcc 的选项繁多，有些选项是一把双刃剑，比如上面提到的-O 优化选项。优化虽然能够提升程序的性能，但同时会增加程序编译的时间，而且，会删除程序中的调试信息，使得程序的调试变得困难。所以，可以选择在程序的开发阶段不进行优化，而在发行版本里加入优化选项。

小结

本章以经典的 Hello World!程序为例，从编码、编译、链接到运行逐一介绍了 Linux 下开发 C 语言程序的流程，同时还介绍了 gcc 编译器的用法以及一些常用选项。读者在后续的章节中还会学习 gcc 的其他用法和其他选项。

思考与练习

1．查找资料，解释在 Linux 的路径表达式中，“.”“..”“~”“-”分别代表什么意义。

2．在 Linux 中，如何给一个程序的所有者、组或者其他人、所有人加上可执行的权限？

3．编写一个程序，在屏幕上输出一个由“*”组成的菱形，如下图所示。

4．编写一个程序，列出所有由 1、2、3、4 四个数字组成的互不相同，且无重复数字的三位数。

第 5 章　使用自定义函数

在上一章中，我们编写了第一个程序 Hello world!。由于程序非常简单，因此我们把所有的代码都写在了主函数 main()里面。但在实际的应用中，程序所实现的功能都比 Hello world!程序要复杂得多，代码量也大得多。如果把大量的代码都堆积在 main()函数里，势必会造成判断分支过多，结构嵌套过深，整个程序的脉络不清晰，层次不分明，会给对程序代码的理解和维护带来很大的麻烦。

假设甲程序员初步编写完源代码后，由乙程序员接手，在测试的过程中发现程序的某个功能出现了逻辑错误。为了改正这个错误，乙程序员必须从头到尾先阅读一遍甲程序员编写的代码。对于几百行的代码量来说，这是一件麻烦的事情；对于几千行的代码量来说，这是一件痛苦的事情；如果代码量达到了几万行，这变成了一件基本不可能完成的事情；如果代码量再扩大十倍，乙程序员只能另起炉灶重新编写。

所以，在复杂的程序中，为了方便阅读和维护，源代码一般采用多个函数来实现。

所谓函数，是指可以供其他代码调用，帮助其他代码完成某一功能的独立的代码块。代码块并不编写在被调用处，而是在另外一个单独的地方。为了调用方便，代码块一般都会有一个名字，这个名字就是函数名。函数能接受调用代码传来的数据，这些数据被称为参数；也可以把处理结果返回给调用代码，这个处理结果被称为返回值。前面的 Hello world!源程序中的 main()和 printf()就是函数，它们是 C 语言定义的标准函数。除此之外，程序员还可以在源程序中定义自己的函数，称为自定义函数。

5.1　在程序中使用自定义函数

下面的源程序完成的功能是计算 1+2+3+…+n 的累加和，其中 n 不是固定值，由用户现场确定。

程序涉及两方面的工作：一是用户接口，也就是说接受用户输入，显示计算结果；二是累加的计算。程序很简单，代码量也很小，完全可以把所有代码都放在 main()主函数中完成，但这不是一个好的做法。比较好也比较通用的做法是由 main()主函数负责用户接口部分，独立的函数负责处理事务部分（在本例中，事务即是实现累加的计算）。

我们先来看由这种接口和事务分开的思想编写出来的代码，后面再作解读。

程序源代码如下：

【程序 5.1】

test5.1.c

```
1        #include  <stdio.h>
2        #include  <stdlib.h>

3        int  accumulator(int);

4        int  main()
```

```
5       {
6       char    key='c';
7       int    n, res;
8       while (key!='q'&& key!='Q')    //按 Q 或 q 键退出循环，结束程序
9       {
10              printf("please input the n:\nn=");
11              scanf("%d",&n);
12              res=accumulator(n);
13              printf("1+2+3+…+%d=%d\n",n,res);

14              __fpurge(stdin);
15              key=getchar();
16      }

17      return EXIT_SUCCESS;
18      }


19      int accumulator(int n)
20      {
21      int    i,res=0;
22      for (i=1;i<=n;i++)
23              res+=i;

24      return    res;
25      }
```

程序解读：

程序包含 main()主函数和实现累加的函数 accumulator()。accumulator()接受一个整数参数 n，作为累加的上限。函数结束后返回一个整数，该整数即是 1 到 n 的累加结果。main()函数首先使用 scanf()函数接受用户输入，得到 n 的值，第 12 行调用了 accumulator()来计算累加结果。程序循环地执行累加操作，直到用户按下 q 或 Q 键。

代码很简单，不做过多展开，唯一需要解释的是第 14 行和第 15 行。

第 15 行的 getchar()函数的作用是从键盘读入一个按键值。前面第 11 行我们调用了 scanf()格式化输入函数获取 n 的值，用户输入 n 的值后回车，程序才能继续，但 scanf()只读取了 n 的值，而把回车符遗留在输入缓冲区中。如果这个时候直接调用 getchar()，则 getchar()不会真正地等待用户按键，而是直接读取 scanf()遗留在输入缓冲区中的回车键。用户的使用感受就是："怎么回事？我还没按键呢，为什么程序已经进行下一次循环了？"导致的结果是程序永远没有正常退出的机会。所以，在 getchar()之前有必要先使用__fpurge()清除输入缓冲区中的内容。大家注意__fpurge()函数的写法，前面是两个英文状态下的下划线。

把代码保存为 test5.1.c，编译、运行后对照代码查看程序运行过程和结果。

C 语言严格遵循常量、变量、函数等一切标识符先定义后使用的原则。main()函数的第 12 行调用了 accumulator()，那么，accumulator()函数应该在 main()函数之前定义，也就是说，程序应该是如下的格式：

```
1       #include   <stdio.h>
2       #include   <stdlib.h>

3       int  accumulator(int   n)
4       {
5       .........
6       }

7       int   main()
8       {
9       .........
10      res=accumulator(n);
11      .........
12      }
```

代码开头的第 3～6 行完整地定义了函数 accumulator()。main()的第 10 行调用了 accumulator()计算累加结果。

但是，这种写法明显不符合人们的阅读习惯，不方便人们去阅读和理解程序。因为人要理解一件复杂的事务，一般都是先看这个事务整体实现了什么功能，再了解事务由哪些部件构成，根据需要再了解某些部件的具体实现。也就是说，阅读代码一般都是先从 main()函数开始，再根据需要阅读子函数的代码。这是一种先全局后局部，自顶向下的阅读理解方式，这种阅读理解方式对于理解、把握复杂的事务很有帮助。图 5-1 是自顶向下的程序阅读方式示意图。

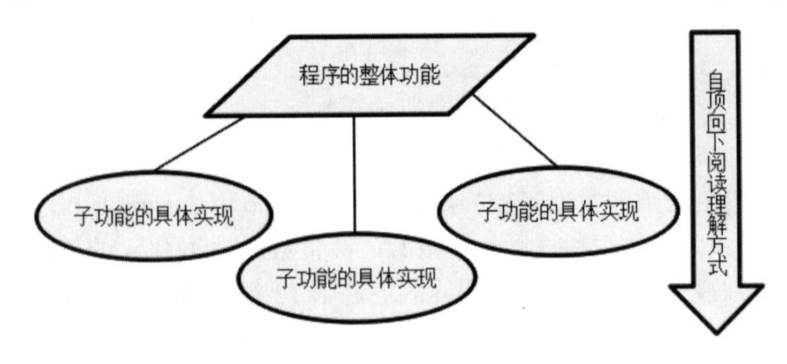

图 5-1　自顶向下的阅读理解方式

C 语言为了符合人的这种思维习惯，对函数的定义作了改进，允许把函数的定义分成两部分：声明和实现。声明部分不包含函数的具体代码，只是函数的返回值类型、函数名和参数的说明。声明的作用是告诉后面调用该函数的代码："我这有一个函数供你使用，函数名字是某某某，调用我时要给我传递什么样的参数，我执行完后给你一个什么样的返回值"。声明部分即是对函数原型的说明；实现部分则是完成函数功能的具体代码。有了声明，函数的实现可以放在调用代码之后，既符合了人们的思维习惯，又遵循了先定义后使用的原则。

【程序 5.1】即是按照人的思维习惯编写而成的版本。在【程序 5.1】中，第 3 行就是累加函数 accumulator()的声明。声明一个函数的时候，既可以包含参数的名字，也可以只有参数的类型，当包含参数名字时，声明的参数名字可以与实现的参数名字不同，但类型必须保证高度一致。

也就是说，第 3 行的函数声明可以采用以下三种方式之一：

```
int    accumulator(int);
int    accumulator(int    n);
int    accumulator(int    i);
```

由于函数的声明不包含具体代码，所以，声明语句的参数右括号后面直接跟语句结束标志“;”。函数声明的作用在于告知调用它的代码，函数是个什么样子，名字是什么，需要哪些参数，返回什么样的值。所以，函数的声明也叫做函数原型。

如果程序包含多个函数，则各子函数应该在main()主函数之前一一声明。函数的声明顺序并不重要，即使函数之间存在互相调用的情况，比如函数 func2()调用了 func1()，声明时也可以把 func1()放在 func2()之前声明。而且，函数的声明顺序和实现顺序没有关联。有了函数声明，每行使用函数的代码都已经知道了函数的存在，函数可以按任意顺序实现。

【模型 1】声明顺序和实现顺序一致。

```
1        #include    ......

2        ...    func1(...);
3        ...    func2(...);

4        int    main()
5        {
6        .........
7        }

8        ...    func1(...)
9        {
10       .........
11       }

12       ...    func2(...)
13       {
14       .........
15       ...func1(...)...;
16       .........
17       }
```

【模型 2】声明顺序和实现顺序不一致，即使 func2()调用了 func1()，声明部分 func1()也可以在 func2()之后。

```
1        #include    ......

2        ...    func2(...);        //声明在 func1()前
3        ...    func1(...);

4        int    main()
5        {
6        .........
7        }

8        ...    func1(...)
9        {
```

```
10      .........
11      }

12      ...  func2(...)       //实现在 func1()后
13      {
14      .........
15      ...func1(...)...;
16      .........
17      }
```

5.2 使用多个自定义函数

下面以一个例子演示多函数的定义和调用，并进一步巩固接口和事务分离的思想。这个程序是在【程序 5.1】的基础上扩展而来，增加了阶乘的功能。main()函数实现用户接口，用户根据需要选择累加或阶乘。两个独立的函数 accumulator()和 factorial()分别完成累加和阶乘的计算。

【程序 5.2】

test5.2.c

```
1       #include  <stdio.h>
2       #include  <stdlib.h>

3       int  accumulator(int);      //实现累加
4       int  factorial(int);        //实现阶乘

5       int  main()
6       {
7       char  key='c', choice/*用户选择累加还是阶乘*/;
8       int  n, res;

9       while (key!='q'&& key!='Q')
10      //Q 或 q 键退出循环，结束程序
11      {
12      __fpurge(stdin);//先清除输入缓冲区
13      printf("please select the function('a' for accumulator, 'f' for factorial):");
14      scanf("%c",&choice);

15      //用户选择了合法的功能
16      if (choice=='a' || choice=='f')
17      {
18      printf("please input the n:\nn=");
19      scanf("%d",&n);

20      switch (choice)
21      {
22      case 'a':
23      res=accumulator(n);
```

```
24          printf("1+2+3+…+%d=%d\n",n,res);
25          break;
26          case 'f':
27          res=factorial(n);
28          printf("1*2*3*…*%d=%d\n",n,res);
29          break;
30          }

31          } else
32          {
33          printf("you selected not existed function!\n");
34          }

35          printf("please input a key to continue('q' or 'Q' to quit)\n");
36          __fpurge(stdin);
37          key=getchar();
38          }

39          return EXIT_SUCCESS;
40          }


41          int factorial(int n)
42          {
43          int    i,res=1;
44          for (i=1;i<=n;i++)
45          res*=i;

46          return    res;
47          }


48          int accumulator(int n)
49          {
50          int    i,res=0;
51          for (i=1;i<=n;i++)
52          res+=i;

53          return    res;
54          }
```

程序解读：

阅读、理解程序时，一定要先把握程序的主要脉络，然后才是旁支末节的细节性内容。在【程序 5.2】中，使用函数实现接口和事务分离后，main()函数只封装了程序的主要功能。我们从 main()函数开始阅读程序，很容易就知道程序首先从键盘获得用户选择，再按需执行累加或阶乘，最后把结果呈现给用户。了解了程序的主要功能后再看细节。

1）程序循环运行，执行完一次累加或阶乘功能后，用户可以选择继续下一次循环还是退出程序。

2）程序在每次接受用户输入前都先使用__fpurge()清空输入缓冲区，以免程序行为与用户期望不一致（比如用户想通过 q 键退出，但程序却读到了 scanf()遗留下来的回车键，继续运行）。

3）在选择所需功能时，如果用户输入了非法字符，则给出提示。

4）累加和阶乘功能由单独的函数 accumulator()和 factorial()实现。

在调试过程中，如果用户接口出现问题，只需要排查 main()函数；如果是累加计算错误，只需要排查 accumulator()函数；如果阶乘计算错误，只需要排查 factorial()函数。

从【程序 5.2】可以看到，如果一个程序编写得结构合理，会使得阅读、理解、调试和维护都变得简单。

大家在使用函数编写程序时，需要注意以下几点：

1）函数之间尽量保持独立，避免函数之间互相调用。互相调用的函数会给调试带来很大的麻烦。

2）函数的功能尽可能单一，不要把多个功能封装在一个函数里。功能单一的函数能够提高代码的可读性和可重用性。

3）不要把函数的功能划分得过于零碎。程序的每一次函数调用都有一个事前准备过程和事后清理、恢复过程，如果把一个常用的简单的功能分成多个函数完成，会大大加重程序的负担，降低程序的运行效率。

4）函数之间传递数据时，尽量使用参数和返回值，避免使用全局变量和静态变量。

其他的注意事项请参考专门的书籍和资料。

小结

C 语言程序由一个或多个函数构成，函数可以是 C 函数库预定义函数，也可以是自定义函数。使用自定义函数有助于使得程序结构更加清晰，更容易理解。本章介绍了自定义函数的使用方法，包括函数的定义和调用，同时介绍了如何按照 C 语言的思想把函数分成两步来定义，把声明和实现分开，以便更符合人们的思维习惯。

思考与练习

1．什么是函数？使用自定义函数有什么好处？

2．在 C 语言中，把自定义函数的声明部分和实现部分分开有什么好处？

3．在教学过程中，老师要对每次的考试成绩进行分析，分析内容包含显示成绩、排序（从高到低排序、从低到高排序）、查看最高分、查看最低分等。

假设班上有 10 位同学。编写一个程序，根据老师的选择实行成绩分析。

为了简单起见，假设 10 位同学的姓名保存在一个全局数组中，成绩按姓名的顺序保存在另外一个全局数组中。对成绩进行排序时，只需要把排序结果输出到屏幕上，而不需要写入数组中。姓名和成绩自拟。

第 6 章　使用多个源文件编程

在上一章中，我们使用函数使得源程序的框架结构变得相对合理，而且，为了符合人们的阅读习惯，我们把函数的定义分成了声明和实现两部分。自定义函数在主函数 main()的前面声明，在后面实现，从而使得源程序更加容易理解、调试和维护。我们把所有的代码都写在了一个源文件里。

对于由单个程序员完成的小规模的源程序，把所有代码写在一个源文件里的做法是可行的。但是，对于大规模的系统，把所有代码写在单个源文件里的做法有着显而易见的缺点：

（1）即使代码使用了自定义函数，大量的代码堆积在单个文件里仍然会导致阅读、理解、调试和维护上的困难。

（2）大体积的文件会降低编辑器的运行效率。每次打开、查找、保存都需要花费大量的时间。

（3）编译大体积的源文件会花费大量的时间，影响系统的开发效率。

（4）单一源文件最致命的缺点是无法团队协作。一般来说，大规模的系统都是由多个程序员组成团队进行开发，每个程序员负责其中的某些模块或某些功能。如果系统只由一个源文件构成，则无法实现多个程序员同时编辑同一个文件。即使采用独立开发再合并的方法，由于代码量过大，合并也是一件困难的事。

因此，在大规模的系统开发中，源代码一般分成多个源文件来实现。

6.1　使用多个源文件编程

仍以上一章的【程序 5.2】为例，这次假设程序由两个程序员开发，程序员甲负责接口部分，程序员乙负责事务部分。

为了方便协作，需要把程序源代码分成两个文件。由于接口部分由主函数 main()负责，所以接口部分的源文件为整个程序的主源文件（不等于主要源文件），命名为 test6.1.c；事务部分负责计算累加和阶乘，完成程序的主要工作，源文件命名为 works.c。

由于新程序的源程序包含多个文件，按照习惯，我们把新程序称为“项目”。为了方便管理，我们为新项目在原 Linux-C 目录下建立一个专用目录 test6.1（如图 6-1 所示）。新项目的所有文件都存放在该目录中。

```
[root@localhost Linux-C]# mkdir test6.1
[root@localhost Linux-C]# cd test6.1
[root@localhost test6.1]# pwd
/root/Linux-C/test6.1
[root@localhost test6.1]# 
```

图 6-1　在 Linux-C 下建立专用目录 test6.1

【项目 6.1】

主源程序：test6.1.c

```
1       #include   <stdio.h>
2       #include   <stdlib.h>

3       int   main()
4       {
5       char   key='c', choice/*用户选择累加还是阶乘*/;
6       int   n, res;

7       while (key!='q'&& key!='Q')
8       //Q 或 q 键退出循环，结束程序
9       {
10          __fpurge(stdin);//先清除输入缓冲区
11          printf("please select the function('a' for accuulator, 'f' for factorial):");
12          scanf("%c",&choice);

13          //用户选择了合法的功能
14          if (choice=='a' || choice=='f')
15          {
16              printf("please input the n:\nn=");
17              scanf("%d",&n);

18              switch (choice)
19              {
20              case 'a':
21                  res=accumulator(n);
22                  printf("1+2+3+…+n=%d\n",res);
23                  break;
24              case 'f':
25                  res=factorial(n);
26                  printf("1*2*3*…*n=%d\n",res);
27                  break;
28              }

29          } else
30          {
31              printf("you selected not existed function!\n");
32          }

33          printf("please input a key to continue('q' or 'Q' to quit)\n");
34          __fpurge(stdin);
35          key=getchar();
36      }

37      return EXIT_SUCCESS;
38      }
```

test6.1.c 与【程序 5.2】最大的区别是，test6.1.c 同样调用了自定义函数 accumulator()和

factorial()完成累加和阶乘，但没有任何关于这两个函数的声明和实现代码。这两个函数的实现代码被单独写在了 works.c 中。

事务处理源程序：works.c

```
1     int factorial(int n)
2     {
3     int    i,res=1;
4     for (i=1;i<=n;i++)
5            res*=i;

6     return    res;
7     }


8     int accumulator(int n)
9     {
10    int    i,res=0;
11    for (i=1;i<=n;i++)
12           res+=i;

13    return    res;
14    }
```

由于 works.c 只完成简单的计算，没有调用 C 语言标准函数，所以 works.c 的开头没有#include 语句。

我们一再强调，C 语言严格遵循常量、变量、函数等一切标识符先定义后使用的原则。test6.1.c 的 main()函数的第 21 行和第 25 行调用了 accumulator()和 factorial()，但是，main()之前并没有任何关于这两个函数的声明。所以，只有 test6.1.c 和 works.c 的源程序是没有办法通过编译的。我们需要想办法在 main()函数之前声明这两个函数。

我们可以把 accumulator()和 factorial()的函数原型直接写在 test6.1.c 的 main()函数之前，如下所示：

```
1     #include    <stdio.h>
2     #include    <stdlib.h>

3     int accumulator(int);
4     int factorial(int);

5     int    main()
6     {
7     ………
8     }
```

这种做法虽然可行，但是，并不符合我们倡导的模块封装原则。当系统有多个模块（源文件）时，我们希望模块之间的关联越少越好。换句话说，除了调用和被调用，我们希望每一个模块尽量不依赖于其他模块，尽可能的独立。

在上述做法中，test6.1.c 直接参与了函数的 accumulator()和 factorial()定义工作（声明部分）。假设程序更复杂一些，test6.1.c 调用了其他源文件中更多的自定义函数，则 test6.1.c 的开头需要加载更多的函数声明语句。而且，每一个调用其他源文件中自定义函数的源文件都需要在开头写上该自定义函数的声明，这会导致大量的重复代码，给后期的调试和维护带来极大的困难。

更好的做法是把函数的声明写在一个独立的文件中，C 语言建议给这类文件命名时以.h 作为扩展名，这类文件被称为“头文件”。

如果需要调用某函数，只需在源文件的开头包含相应的头文件即可。实际上，我们一直在使用把函数声明写在头文件里的方法，比如调用系统函数 printf()，我们就在源文件的开头包含 printf()函数的声明头文件 stdio.h。前面所见的语句

```
#include  <stdio.h>
```

即起此作用。

回到我们的项目中，在和源代码同一目录下新建头文件 works.h。works.h 的内容很简单，只有两行，就是上述两个自定义函数 accumulator()和 factorial()的声明语句。

头文件：works.h

```
1    int accumulator(int);
2    int factorial(int);
```

再把 test6.1.c 改造一下，在开头包含 works.h，如下所示。

```
1    #include  <stdio.h>
2    #include  <stdlib.h>
3    #include  "works.h"

4    int  main()
5    {
6    .........
7    }
```

大家应该注意到的是，包含 C 语言内置的头文件时，一般使用尖角括号（<>）把头文件括起来；包含自定义头文件时，一般使用双引号（""）把头文件引起来。

至此，我们的源程序编写完成，如图 6-2 所示，一共包含三个文件，其中有两个源文件 test6.1.c 和 works.c，一个头文件 works.h。头文件 works.h 是对 works.c 中自定义函数 accumulator()和 factorial()的声明。头文件和对应的源文件可以同名，也可以不同名。在实际应用中，为了方便维护，一般使用同名文件。

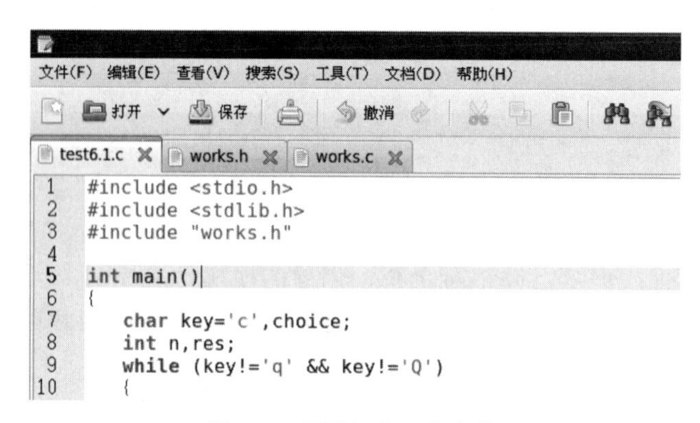

图 6-2 项目包含三个文件

6.2 多源文件的项目编译

多个源文件的项目仍然使用gcc编译链接。在编译链接时，需要在命令行中枚举项目使用的所有源文件。头文件因为已经包含在源文件中，所以不需要枚举头文件。【项目6.1】的编译链接命令如下：

```
gcc  -o  test6.1  test6.1.c  works.c
```

图6-3是【项目6.1】的编译链接和运行截图。

```
[root@localhost test6.1]# gcc -o test6.1 test6.1.c works.c
[root@localhost test6.1]# ./test6.1
please select the function('a' for accumulator, 'f' for factorial:)a
please input the n:
 n=10
1+2+3+...+10=55
please input a key to continue('q' or 'Q' to quit)
q
[root@localhost test6.1]# █
```

图6-3 【项目6.1】的编译链接与运行

假设【项目6.1】是一个大规模的程序，test6.1.c和works.c都包含大量的源代码。在调试的过程中，会遇到这样的情况：有可能仅仅是修改了test6.1.c中的代码，works.c保持原状；或者仅仅修改了works.c中的代码，test6.1.c保持原状。但是，使用命令

```
gcc  -o  test6.1  test6.1.c  works.c
```

生成可执行文件时，每次都会重新编译test6.1.c和works.c。大量的代码可能会花费很长的编译时间。有在Linux系统下使用过源码编译方法安装软件的读者朋友可能有这样的体会，一次编译安装一个软件时可能要花费几十分钟甚至几个小时。太长的编译时间会严重影响系统的开发效率。

我们知道，从源代码到可执行文件的中间过程实际上分为两个步骤：编译和链接。在这两个步骤中，最耗时的操作是编译。为了提高开发效率，我们可以把编译和链接分开进行。

首先，使用带选项-c的gcc编译每个.c源文件生成同名的.o目标文件。对源文件编译时，可以把多个源文件写在一个命令中，如图6-4所示，也可以每次只编译一个源文件，分多次进行。【项目6.1】的编译可以使用如下格式：

```
gcc  -c  test6.1.c  works.c
```

也可以这样：

```
gcc  -c  test6.1.c
gcc  -c  works.c
```

```
[root@localhost test6.1]# gcc -c test6.1.c works.c
[root@localhost test6.1]# ll
总用量 20
-rw-r--r--. 1 root root  764 4月  28 18:05 test6.1.c
-rw-r--r--. 1 root root 1668 4月  28 18:32 test6.1.o
-rw-r--r--. 1 root root  173 4月  28 18:05 works.c
-rw-r--r--. 1 root root   42 4月  28 18:05 works.h
-rw-r--r--. 1 root root  799 4月  28 18:32 works.o
[root@localhost test6.1]# █
```

图6-4 编译源文件生成同名目标文件

编译出.o 目标文件后，继续使用 gcc 把目标文件链接成可执行文件，如图 6-5 所示。

```
gcc   -o   test6.1   test6.1.o   works.o
```

```
[root@localhost test6.1]# gcc -o test6.1 test6.1.o works.o
[root@localhost test6.1]# ll
总用量 28
-rwxr-xr-x. 1 root root 5799 4月  28 18:35 test6.1
-rw-r--r--. 1 root root  764 4月  28 18:05 test6.1.c
-rw-r--r--. 1 root root 1668 4月  28 18:32 test6.1.o
-rw-r--r--. 1 root root  173 4月  28 18:05 works.c
-rw-r--r--. 1 root root   42 4月  28 18:05 works.h
-rw-r--r--. 1 root root  799 4月  28 18:32 works.o
[root@localhost test6.1]#
```

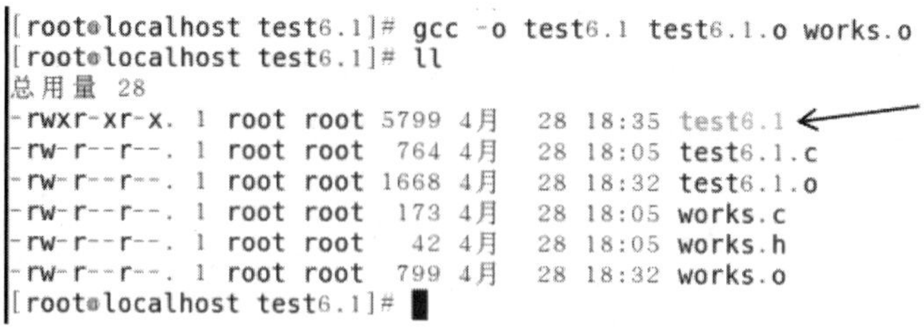

图 6-5　由目标文件链接生成可执行文件

编译和链接分开后，能够获得什么好处呢？如果在调试过程中改动了某个文件，则只需要重新编译改动过的文件生成新的目标文件，再和其他原有的目标文件链接即可。其他未改动过的源文件不需要重新编译，这样就节省了大量的时间。

假设在【项目 6.1】的调试过程中发现累加的计算有误，则改正错误时只需要修改 works.c，主源文件 test6.1.c 保持原状。生成可执行文件时只需要重接编译 works.c，把新生成的 works.o 和上次编译得到的 test6.1.o 链接即可，省却了重新编译 test6.1.c 的步骤。即

```
gcc   -cworks.c
gcc   -o   test6.1   test6.1.o   works.o
```

6.3　【项目 6.1】的另外版本

一个项目由多个源文件组成时，是不是都应该把项目分成两个源文件，分别负责接口和事务部分？把一个项目分成多个源文件的方案不是一成不变的，具体分成多少个源文件，以及各个源文件分别负责什么功能都需要根据实际情况来确定，没有固定的方案可循。

仍以【项目 6.1】为例，这次假设项目由三个程序员开发，程序员甲负责接口部分，程序员乙负责事务的累加部分，程序员丙负责事务的阶乘部分。

为了方便协作，需要把项目分成三个源文件，分别命名为 test6.3.c、accumulator.c、factorial.c。对应的头文件分别为 accumulator.h 和 factorial.h。

由于项目包含多个文件，为了方便管理，在 Linux-C 目录下新建专用目录 test6.3，把项目保存在该目录下。

【项目 6.3】

test6.3.c

```
1        #include   <stdio.h>
2        #include   <stdlib.h>
3        #include   "accumulator.h"
4        #include   "factorial.h"

5        int   main()
6          {
7        char   key='c', choice/*用户选择累加还是阶乘*/;
8        int   n, res;
```

```
9           while (key!='q'&& key!='Q')
10          //Q 或 q 键退出循环，结束程序
11          {
12              __fpurge(stdin);//先清除输入缓冲区
13              printf("please select the function('a' for accuulator, 'f' for factorial):");
14              scanf("%c",&choice);

15              //用户选择了合法的功能
16              if (choice=='a' || choice=='f')
17              {
18                  printf("please input the n:\nn=");
19                  scanf("%d",&n);

20                  switch (choice)
21                  {
22                  case 'a':
23                      res=accumulator(n);
24                      printf("1+2+3+…+n=%d\n",res);
25                      break;
26                  case 'f':
27                      res=factorial(n);
28                      printf("1*2*3*…*n=%d\n",res);
29                      break;
30                  }

31              } else
32              {
33                  printf("you selected not existed function!\n");
34              }

35              printf("please input a key to continue('q' or 'Q' to quit)\n");
36              __fpurge(stdin);
37              key=getchar();
38          }

39          return EXIT_SUCCESS;
40          }
```

accumulator.c

```
1           int accumulator(int n)
2           {
3           int    i,res=0;
4           for (i=1;i<=n;i++)
5                res+=i;

6           return    res;
7           }
```

factorial.c

```
1           int factorial(int n)
2           {
```

```
3        int  i,res=1;
4        for (i=1;i<=n;i++)
             res*=i;

6        return  res;
7        }
```

accumulator.h

```
1        int accumulator(int);
```

factorial.h

```
1        int factorial(int);
```

编译、链接：

```
gcc  -c  test6.3.c  accumulator.c  factorial.c
gcc  -o  test6.3  test6.3.o  accumulator.o  factorial.o
```

所以，一个系统在开发时分成多少个源文件并不是固定的。每个源文件可以对应一个头文件，也可以把多个源文件的函数声明放在一个头文件里。具体的方案需要根据实际情况来确定。

小结

对于一个大规模的系统，仅使用自定义函数还不够。为了有效地降低系统开发的复杂度，使得程序结构更加合理，同时方便团队协作开发，有必要使用多个源文件。本章介绍了如何在一个项目里使用多个源文件，如何使用 gcc 编译多源文件的项目。同时介绍了如何通过把编译、链接步骤分开以加快系统的编译效率。

思考与练习

1．在大规模系统的开发中，使用多个源文件有什么好处？

2．使用多个源文件开发系统时，应该遵循什么原则？

3．在大规模系统的编译过程中，把编译和链接分开进行有什么好处？

4．采用多源文件的方法改造第 5 章“思考与练习”中的成绩分析程序，main()函数负责接口部分，每个成绩分析功能独立成一个源文件。

项目要求重新列出如下：

在教学过程中，老师要对每次的考试成绩进行分析，分析内容包含显示成绩、排序（从高到低排序、从低到高排序）、查看最高分、查看最低分等。

假设班上有 10 位同学。编写一个程序，根据老师的选择实行成绩分析。

为了简单起见，假设 10 位同学的姓名保存在一个全局数组中，成绩按姓名的顺序保存在另外一个全局数组中。对成绩进行排序时，只需要把排序结果输出到屏幕上，不需要写入数组中。姓名和成绩自拟。

第 7 章　认识和使用 make 工具

在上一章中，我们使用了多个源文件来完成系统的开发。并且，为了提高效率，在编译阶段把编译和链接分开进行，在调试阶段只编译修改过的源文件。看起来，一切似乎都很完美，但仔细一想，还有一些问题。

假设这么一个场景，一个系统由几十个甚至几百个源文件构成：code1.c、code2.c、code3.c、…、coden.c。源文件数量很多，编译时我们又如何能够准确地知道哪些源文件被修改过？哪些源文件没有被修改过？如果全部重新编译，势必又会回到我们效率低下的老路上。系统开发是一项严谨的工作，我们不能凭感觉认定哪些源文件应该重新编译，哪些源文件不用重新编译。

那我们该怎么办呢？使用 make 工具可以完美地解决上述问题。简单地说，make 工具是一个智能化的系统开发项目管理工具。在编译时，make 工具可以自动识别自上次编译以来哪些源文件被修改过，哪些源文件没被修改过，从而自动忽略没被修改过的源文件，只重新编译被修改过的源文件。如果某个头文件被修改了，则重新编译所有包含该头文件的源文件。利用 make 可以避免不必要的重新编译，大大提高开发效率。

下面通过实例来认识和使用 make 工具。

7.1　认识 make 工具

我们使用上一章中的【项目 6.3】来演示 make 工具的使用。为了更好地体会 make 的作用，我们把项目变得更复杂一点，在原项目的基础上增加一个求平方和的新功能。项目源代码分成 4 个文件，命名为 test7.1.c、accumulator.c、factorial.c、square_sum.c，分别负责主程序与界面、累加、阶乘和平方和。对应的头文件分别为 accumulator.h 和 factorial.h、square_sum.h。

由于项目包含多个文件，为了方便管理，在 Linux-C 目录下新建专用目录 test7.1，把项目保存在该目录下。

【项目 7.1】

test7.1.c

```
1        #include   <stdio.h>
2        #include   <stdlib.h>
3        #include   "accumulator.h"
4        #include   "factorial.h"
5        #include   "square_sum.h"

6        int   main()
7        {
8        char   key='c', choice;     /*用户选择累加还是阶乘*/
9        int   n, res;
```

```
10          while (key!='q'&& key!='Q')
11          //Q 或 q 键退出循环，结束程序
12          {
13               __fpurge(stdin);     //先清除输入缓冲区
14               printf("please select the function('a' for accumulator, 'f' for factorial, 's' for square sum):");
15               scanf("%c",&choice);

16               //用户选择了合法的功能
17               if (choice=='a' || choice=='f' || choice=='s')
18               {
19                    printf("please input the n:\nn=");
20                    scanf("%d",&n);

21                    switch (choice)
22                    {
23                    case 'a':
24                       res=accumulator(n);
25                       printf("1+2+3+…+%d=%d\n",n,res);
26                       break;
27                    case 'f':
28                       res=factorial(n);
29                       printf("1*2*3*…*%d=%d\n",n,res);
30                       break;
31                    case 's':
32                       res=square_sum(n);
33                       printf("1^2+2^2+3^2+…+%d^2=%d\n",n,res);
34                       break;
35                    }

36               } else
37               {
38                    printf("you selected not existed function!\n");
39               }

40               printf("please input a key to continue('q' or 'Q' to quit)\n");
41               __fpurge(stdin);
42               key=getchar();
43          }

44          return EXIT_SUCCESS;
45          }
```

accumulator.c

```
1           int accumulator(int n)
2           {
3           int    i,res=0;
4           for (i=1;i<=n;i++)
5                res+=i;
```

```
6        return   res;
7        }
```

factorial.c

```
1        int factorial(int n)
2        {
3        int   i,res=1;
4        for (i=1;i<=n;i++)
5            res*=i;

6        return   res;
7        }
```

square_sum.c

```
1        int square_sum(int n)
2        {
3        int   i,res=1;
4        for (i=1;i<=n;i++)
5            res*=i*i;

6        return   res;
7        }
```

accumulator.h

```
1        int accumulator(int);
```

factorial.h

```
1        int factorial(int);
```

square_sum.h

```
1        int square_sum(int);
```

程序解读：

大家对比发现，【项目 7.1】只是在【项目 6.3】基础上做了少量的简单改动。test7.1.c 在 test6.3.c 基础上增加了第 5 行的包含语句，修改了第 14 行的屏幕提示，在第 17 行的合法功能中增加了's'选项，增加了第 31～34 行的求平方和分支。同时增加了求平方和的源文件 square_sum.c 和头文件 square_sum.h，其他文件保持原状。由此可见，合理的程序结构多么重要，大大方便了程序的阅读、理解、调试和扩展。

下面尝试使用 make 工具编译程序。

make 并不能在没有任何提示的情况下猜测人的意图。也就是说，需要人工下达指令指示 make 工作。我们把指令写在一个名为 makefile 或 Makefile 的文本文件里。对于 make 而言，makefile 和 Makefile 是等效的，但由于大写的 M 在一大堆文件中更加显眼，所以，在实际应用中更习惯于使用 Makefile。下文统一使用 Makefile 指代 makefile 或 Makefile。

Makefile 是一个按规定的语法规则编写的文本文件，用来指示 make 工作。Makefile 的规则很简单，表述起来只有两行：

```
目标:依赖文件
<tab>命令
```

其中，目标指的是命令最终生成什么文件，可以是 .o 目标文件，也可以是可执行文件；

依赖文件是指生成目标需要哪些文件；命令是指生成目标需要执行的命令。

我们先在不考虑任何效率的情况下来用一个最简单的 Makefile 实现【项目 7.1】的编译。在目录 test7.1 中新建 Makefile 文本文件，文件内容如下：

```
1        test7.1:  test7.1.c    accumulator.c    accumulator.h    factorial.c  factorial.h    square_sum.c
      square_sum.h
2        <tab>gcc   -o   test7.1   test7.1.c   accumulator.c   factorial.c   square_sum.c
```

Makefile 解读：

第 1 行开始的 test7.1 即是前面所说的目标，用来告诉 make 生成可执行文件 test7.1。冒号后面的用空格隔开的一堆文件即是依赖文件，用来告诉 make，生成 test7.1 需要依赖 test7.1.c、accumulator.c、accumulator.h、factorial.c、factorial.h、square_sum.c、square_sum.h 七个文件。

第 2 行告诉 make 使用命令

```
gcc   -o   test7.1   accumulator.c   factorial.c   square_sum.c
```

生成目标文件 test7.1。

需要注意的是，第 2 行的开头一定要有 tab 制表符。

保存 Makefile，如图 7-1 所示，在 test7.1 目录下执行 make 命令，即可编译【项目 7.1】，生成可执行文件 test7.1。

```
[root@localhost test7.1]# make
gcc  -o  test7.1  test7.1.c  accumulator.c  factorial.c  square_sum.c
[root@localhost test7.1]# ll
总用量 40
-rw-r--r--. 1 root root  104 5月   2 08:19 accumulator.c
-rw-r--r--. 1 root root   24 5月   2 08:22 accumulator.h
-rw-r--r--. 1 root root  102 5月   2 08:19 factorial.c
-rw-r--r--. 1 root root   22 5月   2 08:23 factorial.h
-rw-r--r--. 1 root root  177 5月   2 08:34 Makefile
-rw-r--r--. 1 root root  106 5月   2 08:33 square_sum.c
-rw-r--r--. 1 root root   22 5月   2 08:33 square_sum.h
-rwxr-xr-x. 1 root root 6085 5月   2 08:39 test7.1
-rw-r--r--. 1 root root 1151 5月   2 08:34 test7.1.c
[root@localhost test7.1]#
```

图 7-1　使用 make 编译

大家可能会疑惑，费了那么大周折写了个 Makefile，最后也就是让 make 代为执行 gcc 命令，还不如手工直接执行 gcc 来得方便。make 的优势体现在哪里呢？

make 是一个智能化的项目维护工具，每次在执行生成目标所需要的命令时，都会先比对目标和依赖文件之间的最后修改（生成）时间。如果目标文件的生成时间比任何一个依赖时间都要新，意味着上一次 make 之后，依赖文件没有经过任何改动，这时 make 会自动忽略该条命令，不重新生成目标。

如果再次执行 make 命令，我们就会发现 make 并不重新运行 gcc 命令生成新的 test7.1，而是直接退出（如图 7-2 所示）。

```
[root@localhost test7.1]# make
make: 'test7.1"是最新的。
[root@localhost test7.1]# make
make: 'test7.1"是最新的。
```

图 7-2　make 自动判断目标和依赖文件的时间戳

当然，我们上面的 Makefile 文件是最简单的 Makefile，合并了编译和链接步骤，一次性地从源文件生成可执行文件。对于大型系统来说，这是一种效率低下的方法，也不能充分发挥 make 的优势。

7.2　改进版 Makefile

一个大型系统一般分成多个源文件进行开发。要生成最终的可执行文件，需要两个步骤：编译和链接。对于大量的代码，从源文件到.o 目标文件的编译最耗费时间。在后期的调试阶段，往往只修改其中某个或几个源文件，而其他源文件保持原状。如果能够有选择地重新编译修改过的源文件，忽略未修改过的源文件，将会大大提高开发效率。为达到此目标，Makefile 文件应该做出相应的改变，把编译和链接分开进行。

修改后的 Makefile 如下：

```
1        test7.1: test7.1.o   accumulator.o   factorial.o   square_sum.o
2        <tab>gcc   -o   test7.1   test7.1.o   accumulator.o   factorial.o   square_sum.o

3        test7.1.o: test7.1.c   accumulator.h   factorial.h   square_sum.h
4        <tab>gcc   -c   test7.1.c

5        accumulator.o: accumulator.c
6        <tab>gcc   -c   accumulator.c

7        factorial.o: factorial.c
8        <tab>gcc   -c   factorial.c

9        square_sum.o: square_sum.c
10       <tab>gcc   -c   square_sum.c
```

Makefile 解读：

第 1 行定义了最终可执行文件 test7.1 作为目标，依赖文件是各源文件编译之后的目标文件。第 2 行定义了从目标文件生成 test7.1 所用的命令。

make 运行时，发现依赖文件是经过编译后的目标文件，并不是最原始的源文件。所以，如果发现目标文件不存在，则以目标文件名作为目标往后查找相应的内容。比如说，发现 test7.1.o 不存在，则往后查找到第 3、4 行。在执行第 1、2 行之前，先执行第 3、4 行。同样的道理，如果发现目标文件 accumulator.o 不存在，则查找并执行第 5、6 行。就这样，make 一层一层地往下追溯，再回溯，最后生成最终的目标 test7.1。从图 7-3 中，大家可以清楚地看到 make 的命令执行顺序。

```
[root@localhost test7.1]# make
gcc -c test7.1.c
gcc -c accumulator.c
gcc -c factorial.c
gcc -c square_sum.c
gcc -o test7.1 test7.1.o accumulator.o factorial.o square_sum.o
[root@localhost test7.1]# █
```

图 7-3　使用 make 分别编译和链接

在整个执行过程中，make 会比较目标和它的依赖文件的时间戳。如果目标比依赖文件新，说明自最后一次生成目标以来，依赖文件未被修改过，make 会自动忽略这些行。

假设这么一个场景：生成目标 test7.1 后，在测试过程中，发现累加的计算结果有误。我们需要修改 accumulator.c 中的相关代码。发现并改正错误后，需要重新运行 make 以生成新的可执行文件。make 追根溯源，发现所有的原始文件中，只有 accumulator.c 被修改过，其他文件都保持上次编译时的状态。则 make 自动忽略第 3、4、7、8、9、10 行，只执行第 1、2 行和第 5、6 行。而第 1、2 行中的 accumulator.o 依赖于第 5、6 行，所以，make 先执行第 5、6 行生成新的 accumulator.o，再回头执行第 1、2 行，用新的 accumulator.o 和其他原来的.o 文件链接生成 test7.1。

为了让大家更深刻地理解 make 的智能编译，下面我们从头演示假设的场景。

第一步，需要清理前面所做的所有编译过程中生成的文件，恢复原始状态。

```
rm -f test7.1 test7.1.o accumulator.o factorial.o square_sum.o
```

大家执行 rm 命令时，不要错把文件名中的.o 写成.c，以免造成不必要的损失。

第二步，模拟累加计算错误。修改 accumulator.c 如下：

```
1        int accumulator(int n)
2        {
3        int   i,res=0;
4        for (i=1;i<n;i++)//把 i<=n 中的=去掉，人为产生错误
5            res+=i;

6        return   res;
7        }
```

第三步，如图 7-4 所示，使用 make 生成有错的可执行文件。由于第一步已经清理了所有的.o 目标文件，相当于第 1 次编译，所以，make 会执行 Makefile 中的所有内容。

```
[root@localhost test7.1]# make
gcc -c test7.1.c
gcc -c accumulator.c
gcc -c factorial.c
gcc -c square_sum.c
gcc -o test7.1 test7.1.o accumulator.o factorial.o square_sum.o
[root@localhost test7.1]# █
```

图 7-4　使用 make 编译修改后的项目

第四步，如图 7-5 所示，测试有错的可执行文件，发现累加的计算结果有误。

```
[root@localhost test7.1]# ./test7.1
please select the function('a' for accumulator, 'f' for factorial,
please input the n :
n = 10
1+2+3+...+10= 45
please input a key to continue('q' or 'Q' to quit)
q
[root@localhost test7.1]# █
```

图 7-5　程序测试，累加结果有误

第五步，检查 accumulator.c，发现实现累加的 for 循环的判断条件有错，条件中 i<n 应为 i<=n。

```
1        int accumulator(int n)
2        {
3        int   i,res=0;
4        for (i=1;i<=n;i++)//把 i<n 改正为 i<=n
```

```
5            res+=i;

6        return   res;
7        }
```

第六步，如图 7-6 所示，改正所有错误后，重新运行 make 生成新的可执行文件。

```
[root@localhost test7.1]# make
gcc -c accumulator.c
gcc -o test7.1 test7.1.o accumulator.o factorial.o square_sum.o
[root@localhost test7.1]# 
```

图 7-6　修改 accumulator.c 后重新 make

在这次的 make 中，大家可以看到 make 只执行了第 1、2 行和第 5、6 中的命令，其他行被忽略了。

7.3　Makefile 的进阶用法

7.3.1　伪目标

在系统的调试过程中，我们经常需要像上面的第一步那样做一些额外的工作，比如删除一些文件。有时候这些额外的工作所用的命令比较复杂或者比较多，每次手工处理就显得比较麻烦。针对这种情况，make 提供了一种称为伪目标的方法。所谓的伪目标，也就是说，目标只是一个标识符，最终并不产生相应的文件，只是使用这个标识符标记一些命令。把上面第一步的清理工作用 make 完成，完整的 Makefile 文件如下：

```
1     test7.1: test7.1.o   accumulator.o   factorial.o   square_sum.o
2     <tab>gcc   -o   test7.1   test7.1.o   accumulator.o   factorial.o   square_sum.o

3     test7.1.o: test7.1.c   accumulator.h   factorial.h   square_sum.h
4     <tab>gcc   -c   test7.1.c

5     accumulator.o: accumulator.c
6     <tab>gcc   -c   accumulator.c

7     factorial.o: factorial.c
8     <tab>gcc   -c   factorial.c

9     square_sum.o: square_sum.c
10    <tab>gcc   -c   square_sum.c

11    clean:
12    <tab>rm   -f   test7.1   test7.1.o   accumulator.o   factorial.o   square_sum.o
```

第 11、12 行即是伪目标的定义行。clean 是伪目标的名字，由于伪目标最终并不生成文件，所以伪目标的冒号之后没有依赖文件。第 12 行是伪目标所做的工作。一般都使用 clean 作为清理工作的伪目标名，但实现上，名字可以是任意的。

定义伪目标后，可以在 make 命令后加上目标名，让 make 直接处理伪目标的工作。

```
make  目标名
```

从图 7-7 可以看到，make clean 命令成功地执行了第 12 行的清理工作。大家平时在 Linux 中使用源代码安装软件的过程中执行的 make install 中的 install 就是一个伪目标。

```
[root@localhost test7.1]# ll test7.1 *.o
-rw-r--r--. 1 root root  731 5月   2 09:35 accumulator.o
-rw-r--r--. 1 root root  731 5月   2 09:26 factorial.o
-rw-r--r--. 1 root root  737 5月   2 09:26 square_sum.o
-rwxr-xr-x. 1 root root 6097 5月   2 09:35 test7.1
-rw-r--r--. 1 root root 1876 5月   2 09:32 test7.1.o
[root@localhost test7.1]# make clean
rm -f test7.1 test7.1.o accumulator.o factorial.o square_sum.o
[root@localhost test7.1]# ll test7.1 *.o
ls: 无法访问test7.1: 没有那个文件或目录
ls: 无法访问*.o: 没有那个文件或目录
[root@localhost test7.1]# 
```

图 7-7　修改 accumulator.c 后重新 make

7.3.2　使用变量

细心的读者会发现，上面的 Makefile 文件多次出现了同一长字符串：

```
test7.1.o  accumulator.o  factorial.o  square_sum.o
```

有经验的程序员都知道，直接在多个地方书写同样的内容，容易引起输入错误，而且会给后期的修改、维护带来麻烦，用简单的变量代替它们是最好的做法。为了解决这一问题，make 引入了变量的概念，变量在 Makefile 中用来代表一串字符。我们尝试用变量使得 Makefile 变得简单，修改后的 Makefile 如下：

```
1      #define variable
2      OBJS:= test7.1.o  accumulator.o  factorial.o  square_sum.o

3      test7.1: $(OBJS)
4      <tab>gcc  -o  test7.1  $(OBJS)

5      test7.1.o: test7.1.c  accumulator.h  factorial.h  square_sum.h
6      <tab>gcc  -c  test7.1.c

7      accumulator.o: accumulator.c
8      <tab>gcc  -c  accumulator.c

9      factorial.o: factorial.c
10     <tab>gcc  -c  factorial.c

11     square_sum.o: square_sum.c
12     <tab>gcc  -c  square_sum.c

13     clean:
14     <tab>rm  -f  test7.1  $(OBJS)
```

OBJS 是变量名，$(OBJS)是对变量 OBJS 的引用。第 1 行为注释行，第 2 行定义了 OBJS 变量并给变量赋值，第 3、4、14 行分别引用了该变量。

小结

make 是一个智能化的系统开发项目管理工具。通过比对目标和依赖文件的时间戳，能够有选择地执行相应的命令，从而在大型的调试中大大缩短编译时间，提高开发效率。本章介绍了 make 的基础知识，讲解了 Makefile 的编写规则。通过本章的学习，读者朋友应该会编写简单的 Makefile。实际上，Makefile 还有其他更多更深入的写法，限于篇幅，不在这里展开描述，请读者自行参考相关资料和书籍。

思考与练习

1．使用 make 工具维护项目有什么好处？
2．查找资料，了解 Makefile 更多更深入的写法。
3．请使用 make 工具实现第 6 章“思考与练习”中的成绩分析系统的智能化编译。

第 8 章　文件读写

程序的根本任务是获取数据，进行处理，并输出结果。在获取数据环节，数据可以从键盘获取，也可以从保存在计算机磁盘上的文件中获取，比如大家经常使用的 Linux 平台下的 DNS 服务 named，就是从文件 named.conf 中获取配置数据。在输出结果环节，结果可以输出到终端，也可以永久性的记录在计算机磁盘上，比如 named 服务启动时会把启动信息记录在系统日志文件/var/log/messages 中。

如果程序从磁盘上获取数据或者输出结果到文件，就需要对文件进行读写。特别要指出的是，在 Linux 中一切都是文件，外部设备和硬件 I/O 接口也是以文件的形式呈现给用户，程序通过读写相应的设备文件来控制外部设备或者连接到 I/O 上的设备。一个简单的例子是控制连接到嵌入式 Linux 的 GPIO 口上的 LED 的亮和灭。所以，无论是普通的程序开发还是嵌入式系统的程序开发，都经常需要对文件进行读写操作。

在 C 语言中，对于文件的读写有两种方法，一种方法是直接使用操作系统提供的文件读写接口基于句柄进行读写；另一种方法是经过 C 语言封装的带缓冲功能的基于流的文件读写。

8.1　基于句柄的文件读操作

在程序中要对一个文件进行读写，至少要经过三个步骤：打开、读写、关闭。

打开一个文件的作用是提请操作系统准备好对文件的读写，这时操作系统会检查目标文件是否存在，进程（运行中的程序）是否有对目标文件的相应权限，文件是否正被其他进程锁定，以及其他一些事项。如果所有要求都满足，操作系统做好准备工作，就返回一个非 0 整数给进程。这个非 0 整数是对要读写的文件的标识和引用，被称为句柄。在有些资料和书籍中也把句柄称为文件描述符。

对文件的读写操作完成后，要关闭文件，以便操作系统释放读写该文件所需要的资源，解锁文件，方便其他进程使用。

下面用一个例子实现简单的文件读操作，把一个文本文件的内容读出并输出到屏幕。

在 Linux-C 目录下新建目录 test8，本章所有例子均保存在该目录下。

【程序 8.1】

test8.1.c

```
1        #include   <stdio.h>
2        #include   <stdlib.h>
3        #include   <fcntl.h>
4        #include   <string.h>

5        #define   BUFFER_SIZE 1024
6        #define   SRC_FILE    "./test8.txt"
```

```
7           int   main()
8           {
9           int   fd,read_length;
10          unsigned char buff[BUFFER_SIZE];

11          fd=open(SRC_FILE,O_RDONLY);
12          if (fd<=0)
13          {
14               perror(SRC_FILE);
15               exit(EXIT_FAILURE);
16          }

17          bzero(buff,sizeof(buff));
18          while ((read_length=read(fd,buff,sizeof(buff)-1))>0)
19          //read_length>0 说明文件未结束
20          {
21               printf("%s",buff);
22               bzero(buff,sizeof(buff));
23          }
24          printf("\n");

25          close(fd);

26          return EXIT_SUCCESS;
27          }
```

程序解读：

程序中，第 3、4 行的头文件 fcntl.h 和 string.h 是第一次出现。fcntl.h 定义了常量 O_RDONLY，string.h 声明了函数 bzero()。

第 5 行定义了整数命名常量 BUFFER_SIZE，值为 1024，该值为读文件时的缓冲区的大小。把程序中的常量命名是一种好习惯。特别地，命名代码中多次出现的常量方便于后期的维护。

第 6 行定义了字符串命名常量 SRC_FILE，该常量表示程序要进行读操作的目标文件的名字。由于目标文件和程序在同一目录，所以写成./test8.txt，开头的“.”表示当前目录。

一般来说，习惯使用大写字符串表示常量，小写字符串表示变量。

第 9 行定义了整型变量 fd，用于保存打开文件时的文件句柄。read_length 用于保存读文件时实际读出来的数据的长度。

当把读文件请求提交给操作系统时，需要传递一个缓冲区给操作系统，以便操作系统把读出来的内容放置其中。第 10 行定义了这样一个 BUFFER_SIZE 大小的缓冲区。

第 11 行以只读方式打开文件，得到文件句柄。open()函数的作用是打开文件，返回文件句柄。它的原型是

```
int open(const char *pathname,int flags);
```

其中，pathname 是一个字符串，表示要打开的文件的名字，可以用相对路径来表示，也可以用绝对路径来表示。

flags 是文件的打开方式，如表 8-1 所示的是 flags 的一些常用值：

表 8-1 flags 常用取值

取值	意义
O_RDONLY	以只读方式打开文件
O_WRONLY	以只写方式打开文件
O_RDWR	以读写方式打开文件
O_CREATE	如果文件不存在，则创建新文件
O_APPEND	以追加的方式打开文件，打开文件时，读写指针指向文件的结尾

在这些取值中，不冲突的取值可以用位或的方式互相组合，比如O_WRONLY|O_APPEND。

当成功打开一个文件，open()返回一个正整数作为文件句柄。如果找开失败，则返回负数。由于经常因为各种原因导致文件打开失败，比如文件被其他进程独享锁定，比如以只读方式打开时文件不存在。所以，打开文件后需要检测打开的结果，如果打开失败，就应该采取必要的措施进行补救。在本程序中，如果打开文件失败，则直接退出运行。在退出运行之前，显示具体的错误。perror()函数在屏幕上先显示参数字符串，再显示上一次系统调用的错误信息。perror(SRC_FILE)先把文件名显示出来，再显示 open()函数打开文件失败的原因。exit(EXIT_FAILURE)直接退出整个程序，并向调用者返回整数 EXIT_FAILURE。

如果打开文件成功，则程序继续往下运行，使用 while 循环把文件内容一段一段地读出来并显示在屏幕上。read()函数把文件内容读到缓冲区中，并返回读出来的实际字节数。如果返回值等于 0，就说明已经读到了文件末尾。

C 语言的字符串是以空字符'\0'（等价于整数 0）作为结束标志的，为了方便 printf()函数判断，每次读之前先把 buff 缓冲区中的所有位置全部设置成空字符'\0'。

第 17、18、22 行多次出现了 sizeof(buff)函数。这三个 sizeof(buff)位置需要的是 buff 缓冲区的大小。虽然我们在前面定义了缓冲区大小的整数常量 BUFFER_SIZE，但我们这里不直接使用 BUFFER_SIZE，而是通过 sizeof()来实时计算 buff 缓冲区的大小。虽然我们定义缓冲区的语句不变，但在不同的平台或者不同的 C 编译器下，实际的缓冲区大小有可能不一样。如果直接使用 BUFFER_SIZE，程序移植到另外的平台时有可能会产生运行错误。所以，使用 sizeof()实时计算缓冲区的长度有助于提高程序的可移植性。sizeof()不是函数，而是 C 语言的一个运算符。当然，由于 sizeof()的形式和功能都跟函数类似，我们可以把 sizeof()当成函数看待。

第 24 行在显示完文件内容后，在屏幕上添加一个换行，以免退出程序后操作系统的命令提示符和文件内容混在一起。

第 25 行的 close(fd)关闭打开的文件。每次读写文件的操作完成后，要记得关闭文件，以便操作系统释放相关资源，解锁文件，供其他进程使用。

编译程序，在 test8 目录下用其他工具新建文本文件 test8.txt，在文件中随意输入一些内容，如图 8-1 所示。运行程序，可以看到，程序把 test8.txt 的内容完整的显示到了屏幕上，如图 8-2 所示。而 test8.1 实际上和 cat 命令的作用是一样的，只不过，cat 能显示任何文本文件的内容，而 test8.1 只能固定显示某个文件的内容。读者可以自己把程序修改成可以显示任何文件的内容。

```
[root@localhost test8]# cat test8.txt
aaaaaaaaaaaaaaaaaaaaaaaaa1
bbbbbbbbbbbbbbbbbbbbbbbbb22
ccccccccccccccccccccccccc333
ddddddddddddddddddddddddd4444
eeeeeeeeeeeeeeeeeeeeeeeee55555
fffffffffffffffffffffffff666666
ggggggggggggggggggggggggg7777777
hhhhhhhhhhhhhhhhhhhhhhhhh88888888
[root@localhost test8]# _
```

图 8-1　test8.txt 文件的内容

```
[root@localhost test8]# ./test8.1
aaaaaaaaaaaaaaaaaaaaaaaaa1
bbbbbbbbbbbbbbbbbbbbbbbbb22
ccccccccccccccccccccccccc333
ddddddddddddddddddddddddd4444
eeeeeeeeeeeeeeeeeeeeeeeee55555
fffffffffffffffffffffffff666666
ggggggggggggggggggggggggg7777777
hhhhhhhhhhhhhhhhhhhhhhhhh88888888

[root@localhost test8]#
```

图 8-2　用编写的程序读出 test8.1.txt 的内容

8.2　基于句柄的文件写操作

【程序 8.1】把文件的内容读出来显示在屏幕上，这次我们在【程序 8.1】的基础上做一下修改，把一个文件的最后 30 个字符读出来，再写到另外一个文件上。以此学习基于句柄的文件的写操作和文件指针的操作。

【程序 8.2】

test8.2.c

```
1    #include  <stdio.h>
2    #include  <stdlib.h>
3    #include  <fcntl.h>
4    #include  <string.h>

5    #define  BUFFER_SIZE 1024
6    #define  SRC_FILE   "./test8.txt"
7    #define  DEST_FILE   "./test8.2.txt"
8    #define  OFFSET 30

9    int  main()
10   {
11   int  src_file,dest_file,read_length;
12   unsigned char buff[BUFFER_SIZE];

13   src_file=open(SRC_FILE,O_RDONLY);
```

```
14          if (src_file<=0)
15          {
16              perror(SRC_FILE);
17              exit(EXIT_FAILURE);
18          }

19          dest_file=open(DEST_FILE,O_WRONLY|O_CREAT);
20          if (dest_file<=0)
21          {
22              perror(DEST_FILE);
23              close(src_file);
24              exit(EXIT_FAILURE);
25          }

26          lseek(src_file,-OFFSET,SEEK_END);//把源文件的读写指针移动到倒数第 30 个字符处

27          bzero(buff,sizeof(buff));
28          while ((read_length=read(src_file,buff,sizeof(buff)-1))>0)
29          //read_length>0 说明文件未结束
30          {
31              write(dest_file,buff,read_length);
32              bzero(buff,sizeof(buff));
33          }

34          close(dest_file);
35          close(src_file);

36          return EXIT_SUCCESS;
37          }
```

程序解读：

与【程序 8.1】相比，【程序 8.2】做了几处改动。【程序 8.2】打开了两个文件，一个是与【程序 8.1】相同的源文件 test8.txt，一个是名为 test8.2.txt 的目标文件。程序把源文件中的最后 30 个字符复制到 test8.2.txt 中。

值得注意的是，如果打开源文件失败，程序就直接退出；但如果打开目标文件失败，由于在打开目标文件操作之前源文件已经成功打开，所以需要在退出程序之前先关闭源文件（第 23 行）。

每一个文件打开后，都有一个隐形指针指明当前位置，所有读写都从当前位置开始。指针会随着读写操作自动往后（即文件尾方向）移动，也可以根据需要人工移动指针。除非使用 O_APPEND 方式打开文件，否则指针的初始位置都位于文件开头。由于需要复制源文件的最后 30 个字符，所以复制开始之前需要人工把指针移到倒数第 30 个字符处。lseek()函数用于移动文件指针。lseek()的原型如下：

```
off_t lseek(int fd,off_t offset,int whence);
```

其中，fd 是文件句柄；offset 是所要移动的距离，取值可正可负，正数表示后移（往文件尾方向移动），负数表示前移（往文件头方向移动）；whence 是移动的参考点，也就是说，从

哪个位置开始移动，可取值如表 8-2 所示：

表 8-2　whence 取值

取值	意义
SEEK_SET	从文件的开头开始移动
SEEK_CUR	从当前位置开始移动
SEEK_END	从文件结尾开始移动

第 31 行的 write()函数把从源文件读出到缓冲区的字符串写入目标文件。

由于程序打开了两个文件，所以在程序结束前依次关闭打开的文件（第 34、35 行）。

程序运行结果如图 8-3 所示。

```
[root@localhost test8]# ls
test8.1  test8.1.c  test8.2  test8.2.c  test8.txt
[root@localhost test8]# ./test8.2
[root@localhost test8]# ls
test8.1  test8.1.c  test8.2  test8.2.c  test8.2.txt  test8.txt
[root@localhost test8]# cat test8.2.txt
hhhhhhhhhhhhhhhhhhhhhh88888888
[root@localhost test8]# wc -c test8.2.txt
30 test8.2.txt
[root@localhost test8]# 
```

图 8-3　程序运行结果

8.3　基于流的文件读写操作

基于句柄的文件读写使用操作系统提供的应用程序接口（API）对文件直接进行读写。而基于流的文件读写则是 C 语言在句柄的基础上对文件读写进行二次封装，提供带缓冲功能的读写操作，以减少系统调用，提高文件读写的性能。所谓“流”，听起来很抽象，但理解起来并不难。“流”就像我们日常生活中的河流，在文件读写中，它是一个有头尾区分的连续的数据序列，如图 8-4 所示。

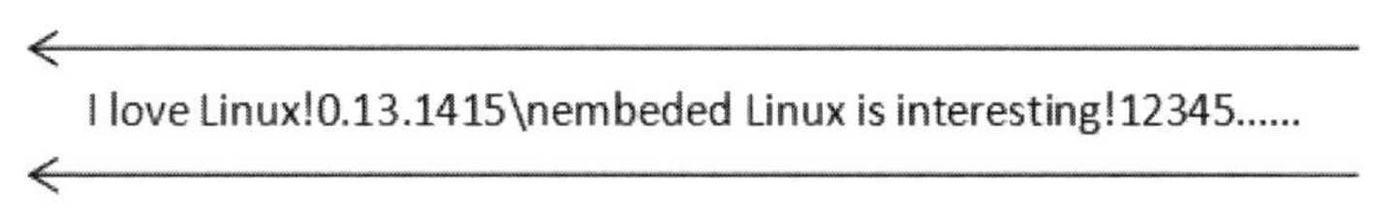

图 8-4　流示意图

基于句柄的文件读写的数据是字符串或字节串，且是没有类型的。而基于流的数据是有类型的。比如说，你可以直接把一个浮点数写到一个流里，或者从流里直接读出一个浮点数，而不需要先把浮点数转成字符串或字节串，再在读出来字符串或字节串后转成浮点数。

基于流的文件读写和基于句柄的文件读写一样，也至少要经过三个步骤：打开、读写和关闭。打开文件流的函数是 fopen()，它的原型是

```
FILE *fopen(const char *pathname,const char *type);
```

其中，pathname 是一个字符串，表示要打开的文件的名字，可以以相对路径表示，也可

以以绝对路径表示。type 也是一个字符串，指文件的打开方式，可能的取值如表 8-3 所示。

表 8-3　type 取值

取值	意义
"r"或"rb"	以只读方式打开文件，其中，"r"表示打开文本文件，"rb"表示打开二进制文件。下同
"r+"或"r+b"	以读写方式打开文件
"w"或"wb"	以只写方式打开文件，如果文件不存在则建立该文件，如果文件已经存在则清空原文件
"w+"或"w+b"	以读写方式打开文件，如果文件不存在则建立该文件，如果文件已经存在则清空原文件
"a"或"ab"	以追加的方式打开只写文件，打开文件时，原内容保留，指针指向文件的结尾。如果文件不存在则建立该文件
"a+"或"a+b"	以追加的方式打开读写文件，打开文件时，原内容保留，指针指向文件的结尾。如果文件不存在则建立该文件

fopen()返回一个 FILE 结构的指针。FILE 是保存有打开文件的信息的一个数据结构。

关闭文件流的函数是 fclose()，它的原型是

```
int fclose(FILE *stream);
```

C 语言提供了众多基于流的读写函数，包括直接读写函数、基于字符的读写函数、基于行的读写函数以及格式化输入输出函数。

下面的例子使用了按行读写的方式把 test8.txt 复制到新文件 test8.3.txt 中，同时在 test8.3.txt 中格式化输出一些变量。

【程序 8.3】

test8.3.c

```
1        #include  <stdio.h>
2        #include  <stdlib.h>
3        #include  <math.h>

4        #define   BUFFER_SIZE 1024
5        #define   SRC_FILE   "./test8.txt"
6        #define   DEST_FILE   "./test8.3.txt"

7        int   main()
8        {
9        FILE   *src_file,*dest_file;
10       unsigned char buff[BUFFER_SIZE];
11       int i=359;

12       src_file=fopen(SRC_FILE,"r");
13       if (!src_file)
14       {
15           perror(SRC_FILE);
16           exit(EXIT_FAILURE);
17       }
```

```
18          dest_file=fopen(DEST_FILE,"w");
19          if (!dest_file)
20          {
21                perror(DEST_FILE);
22                fclose(src_file);
23                exit(EXIT_FAILURE);
24          }

25          while (!feof(src_file))
26          {
27                if (fgets(buff,sizeof(buff), src_file))
28                fputs(buff,dest_file);
29          }
30          fprintf(dest_file,"\n");
31          fprintf(dest_file,"i=%d\n",i);
32          fprintf(dest_file,"PI=%f\n",M_PI);

33          fclose(dest_file);
34          fclose(src_file);

35          return EXIT_SUCCESS;
36          }
```

程序解读：

由于程序需要把圆周率 PI 的值写入 test8.3.txt，而 PI 在 math.h 中已有定义，名字为 M_PI，所以第 3 行包含 math.h。

第 9 行定义了用于保存打开源文件和目标文件的流的 FILE 结构的指针。

第 11 行定义了一个整数变量 i，后面我们把 i 的值写入 test8.3.txt。

前面提过，因为各种原因，打开文件有可能失败，所以每次打开文件后都需要检测成功与否。如果 fopen()打开文件失败，则会返回 NULL 值，所以检测方法如第 13 和 19 行所示：

```
if(!src_file)
if(!dest_file)
```

第 25 行的 feof()用于检测流指针是否已经到达末尾，如果为真，返回非 0 值；如果为假，返回 0 值。

第 27 行的 fgets()从源流中读出一行字符。fgets()自动在行末加上字符串结束符'\0'，所以在使用 fgets()之前不必把缓冲区置 0。

第 28 行的 fputs()把读出的字符串写入目标流中。

这里需要稍微解释一下第 25～29 行的“循环+判断”。按照常规的理解，只要 feof()为假（即!feof()为真），说明源文件的读指针未到文件尾，也就是说，还有数据未读完。但是，C 语言对指针的检测有点奇怪，明明已经读完了所有行，指针已经指向了文件尾，但这时 feof()仍然为假（!feof()为真）。只有再次对流进行读操作，feof()才为真，这样就导致 while 循环多运行一次。但是运行最后一次 while 循环前，文件指针已经指向文件尾，所以最后一次 while 循环的 fgets()出错，读不出任何内容，缓冲区未被修改，仍然保持上一次 fgets()后的状态，即源文件的最后一行。如果不作判断，直接将 fputs()写到目标流，会导致目标文件被重复写入源

文件的最后一行。fgets()的原型是

```
char *fgets(char *s,int size,FILE *stream);
```

当读到正确的行，fgets()返回缓冲区的地址值，当指针已经指向文件尾，读不到内容，fgets()对缓冲区不作修改，返回 NULL 值。因此，可以使用 if(fgets(……))来判断是否读取流成功。

fprintf()的用法与 printf()用法一样，其作用是向某个流格式化输出。

如图 8-5 所示，编译运行程序。

```
[root@localhost Linux-C]# gcc -o test8.3 test8.3.c
[root@localhost Linux-C]# rm -f test8.3.txt
[root@localhost Linux-C]# gcc -o test8.3 test8.3.c
[root@localhost Linux-C]# ls *.txt
test8.txt  testfputs.txt
[root@localhost Linux-C]# ./test8.3
[root@localhost Linux-C]# ls *.txt
test8.3.txt  test8.txt  testfputs.txt
[root@localhost Linux-C]# cat test8.3.txt
aaaaaaaaaaaaaaaaaaaaaaaaa1
bbbbbbbbbbbbbbbbbbbbbbbbb22
ccccccccccccccccccccccccc333
ddddddddddddddddddddddddd4444
eeeeeeeeeeeeeeeeeeeeeeeee55555
fffffffffffffffffffffffff666666
ggggggggggggggggggggggggg7777777
hhhhhhhhhhhhhhhhhhhhhhhhh88888888

i=359
PI=3.141593
[root@localhost Linux-C]# █
```

图 8-5　编译运行程序

大家可以看出，基于流的文件读写相对基于句柄的文件读写要简单一些，而且读写的方法更多更灵活。

小结

无论是普通的程序开发还是嵌入式系统的程序开发，都经常需要对文件进行读写操作。在 C 语言中，对于文件的读写有两种方法，一种方法是直接使用操作系统提供的文件读写接口基于句柄进行读写；另一种方法是经过 C 语言封装的带缓冲功能的基于流的文件读写。本章分别对两种文件读写方法做了介绍并给出了相应的例子。除例子中用到的函数外，不管是基于句柄还是基于流的文件读写，都还有很多相关函数。限于篇幅，未对没用到的函数作介绍，如需使用请大家自行查阅相关的资料和书籍。

思考与练习

1．C 语言对文件的读写有哪些方法？

2．读写一个文件需要哪些基本的步骤？

3．改造第 5 章“思考与练习”中的成绩分析程序，使得程序更接近实际应用的需求。

在教学过程中，老师要对每次的考试成绩进行分析，分析内容包含显示成绩、排序（从高到低排序、从低到高排序）、查看最高分、查看最低分等。

假设班上有 10 位同学。编写一个程序，根据老师的选择实行成绩分析。

学生的成绩以文本文件的形式保存在磁盘中，文件格式为：

```
姓名:成绩
```

每个学生占一行，比如：

```
zhangsan:76
lisi:87
wangwu:64
......
```

【注：相对而言，在 Linux 下使用中文没有 Windows 下方便，为了方便，大家可以使用拼音代替汉字】

分析后的结果也以文本文件的形式保存到磁盘中，文件格式为：

```
【首先是从高到低的排序结果】
......
lisi:87
......
zhangsan:76
......
wangwu:64
......

best:xxx:97
lowest:xxx:53
```

姓名和成绩请自拟。

第 9 章　网络通信编程

如第 1 章所说，在 21 世纪，计算机技术迅速向着网络化的方向发展。嵌入式系统也顺应了这一历史潮流，普遍地具有网络连接的功能，能够应用到 Internet 中去，实现远距离通信。特别是随着物联网时代的到来，嵌入式系统更是发挥了前所未有的巨大作用，设备或机器通过嵌入式系统连接到 Internet 中，实现智能化的机器对话、人机对话。所以，网络通信编程成为了嵌入式系统开发中重要的一环。

Linux 本身就是网络的产物，靠着网络的力量得以蓬勃发展。同时，Linux 又集成了强大的网络通信功能。相对于 Windows，Linux 的联网功能集成在系统核心，更加稳定可靠。嵌入式 Linux 和 PC Linux 一脉相承，自然也继承了 Linux 的这一优点。

本章将主要介绍网络通信编程的基本原理并通过例子学习网络编程。

9.1　网络通信基本原理

所谓网络通信是指连接到网络中两个独立主体之间的对话。

在生活中，人与人之间的对话双方必须使用同一语言，对话才能顺利进行。机器之间的对话与人之间的对话是同一个道理，只有参与通信的双方遵守同样的规则，通信才能顺利进行。

为了保证通信的顺利进行，通信双方共同遵守的这些规则被称为协议。

为了实现对话，协议要处理的事情非常多，比如，如何在网络中找到对方？什么时候发言？如果对话过程受到干扰，收到的数据出现错误该怎么处理？等等。换句话说，协议很复杂。

处理复杂的事情有一个很好的方法，就是大事化小。把大事情划分成很多个小事情，每个小事情都相对简单。小事情处理起来比较容易，当把所有的小事情处理完，整个大事情也就处理完了。

如图 9-1 所示，大事化小有两种方式，一种是把事情在空间上横向划分，多个小事情可以同时处理；另一种方法是把事情在时间上纵向划分，划分出来的小事情有先后顺序，必须逐个处理。人们把网络通信协议按大事化小的思想做了处理，进行了纵向划分。也就是说把实现网络通信需要处理的所有事情划分成步骤，在通信过程中按时间先后顺序逐个处理。这样划分出来的步骤在协议中被称为层。

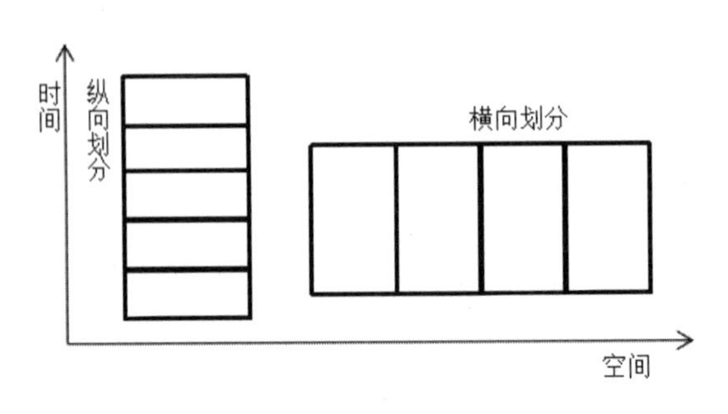

图 9-1　处理复杂事情的两种方式

一个事情分成多少个步骤不是固定的，所以，历史上曾经出现过不同的协议分层方案。有一个著名的分层模型，叫做 OSI-RM（一般简称 OSI），它的中文名字叫作开放系统互联参考模型。它是国际标准化组织（ISO）在 20 世纪 70 年代中后期提出的一个协议分层参考模型。

OSI 把协议分为 7 层，从下到上分别是：物理层、数据链路层、网络层、传输层、会话层、表示层、应用层。

大家应该理解的是，协议是为了保证通信顺利进行，通信双方需要遵守的一系列规则。而分层则是把通信所涉及到的一大堆事情分步骤处理，从而使得事情变得简单。所以，如图 9-2 所示，协议是两个主机之间的事情，而分层是每个主机内部的事情。

每一层负责通信过程中的一个步骤。假设网络通信进程从应用层发出一段数据；表示层把这段数据用统一的格式表示（比如统一的编码、统一的字节优先顺序）；会话层负责和对方建立连接；传输层给数据打上一个标记，告诉对方主机接收到数据后把数据交给哪个通信进程；网络层也给数据打上一个标记，告诉网络设备应该把数据送到哪台主机；数据链路层负责把数据送到物理链路上；物理层负责网络的实际连接。这样分工后，事情处理起来很简单，理解起来也变得简单。

分层后的协议模型称为协议栈。协议栈中，通信双方处于相同位置的层称为对等层，只有对等层才能直接对话。

OSI 的 7 层模型划分得很合理。然而，OSI 并没有在实际中得到应用。究其原因，是因为 OSI 诞生于多协议混战时代的后期，20 世纪 70 年代，有很多互不兼容的协议在计算机网络中使用，比如 TCP/IP、SPX/IPX 等。ISO 看到这种混战的现状导致了网络互联的困难，从而提出了 OSI 参考模型。但是，当时的 TCP/IP、SPX/IPX 等协议正在被广泛地使用，大规模地把协议更换成 OSI，从商业角度来说是不现实的，对财力和人力都是极大的损耗。所以，OSI 从提出那天起就一直停留在纸面上，没有真正实现。

实际使用中的协议，经过多年的优胜劣汰，最终，TCP/IP 取得了绝对的霸主地位，成为了今日因特网（Internet，俗称互联网）的标准协议，也是绝大多数计算机网络所使用的协议。

TCP/IP 把主机内部发送和接收数据的整个过程分成 4 层，分别是主机到网络层、网络互联层、传输层和应用层。不管是 TCP/IP，还是 OSI，大家所做的事情都是一样的，所以，两者之间必然存在着对应关系。两者的对应关系如图 9-3 所示。

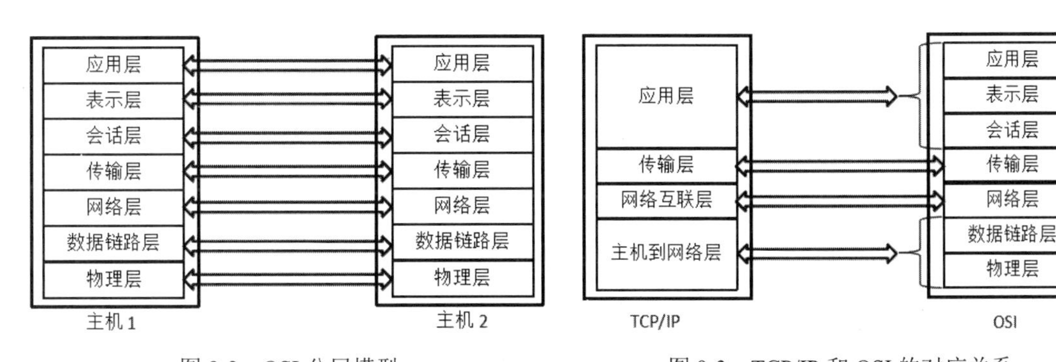

图 9-2 OSI 分层模型

图 9-3 TCP/IP 和 OSI 的对应关系

在 TCP/IP 中，除应用层是由应用程序自己负责外，为了适应不同的需要，每一层又分为多个协议，比如传输层根据对数据的可靠性和效率的要求不同，分为 TCP 和 UDP 协议；网络互联层除了最主要的 IP 协议外，为了把 IP 解析成对应的 MAC 地址，又有了 ARP 协议，等等。TCP/IP 协议栈实际上包含了很多相关的协议，TCP 和 IP 只是其中最具有代表性的协议，同时也是 TCP/IP 协议的名字的由来。因为 TCP/IP 实际上包含很多协议，所以，在某些场合，也称为 TCP/IP 协议簇。此外，为了向网络提供公共的服务，业界也为应用层制定了很多标准的协议，比如 HTTP、FTP 等。虽然这些标准的应用层协议并不是接收、发送数据所必须的，但也习惯地归类到 TCP/IP 协议簇中。

TCP/IP 协议簇常用协议如图 9-4 所示。

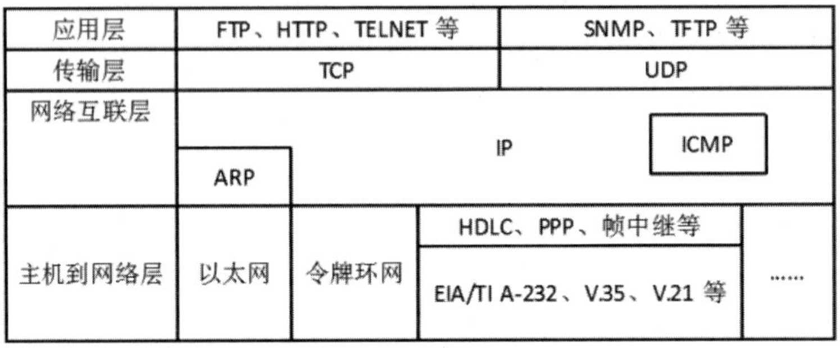

<table>
<tr><td>应用层</td><td colspan="2">FTP、HTTP、TELNET 等</td><td colspan="2">SNMP、TFTP 等</td></tr>
<tr><td>传输层</td><td colspan="2">TCP</td><td colspan="2">UDP</td></tr>
<tr><td rowspan="2">网络互联层</td><td colspan="4">IP　ICMP</td></tr>
<tr><td>ARP</td><td colspan="3"></td></tr>
<tr><td rowspan="2">主机到网络层</td><td rowspan="2">以太网</td><td rowspan="2">令牌环网</td><td>HDLC、PPP、帧中继等</td><td rowspan="2">……</td></tr>
<tr><td>EIA/TI A-232、V.35、V.21 等</td></tr>
</table>

图 9.4　TCP/IP 协议簇中的常用协议

在对话过程中，每一个主机必须有一个唯一的标识，以便数据能够准确地找到目的地。在 TCP/IP 中，IP 地址就是主机在网络中的标识。

从表面上看，网络通信是两台主机之间的事情。实际上，主机的所有活动都必须透过进程来表达，所以，网络通信实质上是两个进程之间的通信。数据被送到目标主机后，传输过程还没结束，还必须在主机内部把数据送到指定的目标进程。怎么在主机内部标识一个通信进程（参与网络通信的进程）呢？这个事情由传输层负责。传输层用正整数给每一个通信进程编一个号码（非通信进程不需要编号），这个号码被称为端口。

传输层根据对数据的可靠性和效率的要求不同，分为 TCP 和 UDP 协议。

TCP 是一个可靠的传输协议，要求通信的两个进程之间在传输数据之前先建立连接，并且在传输过程中对每一份数据进行确认，在传输结束时要释放连接。TCP 的传输机制类似于日常生活中的打电话。甲和乙进行电话通话，首先要拨号建立对话通道，在通话的过程中，如果中间任何一方听不清楚对方讲话，会告知对方，对方会重复原话直到听清楚为止。对话结束后需要挂机以释放对话通道。

UDP 则是一个高效的传输协议，某个通信进程需要发送数据到另一个通信进程，事先不需要进行任何协商，直接把数据送出去。UDP 的传输机制类似于日常生活中的信件往来。写信前并不需要征求收信方的同意，可以直接把信件投寄。收信方收到信件后不需要给写信方做确认。写信方寄出信件后，无法确认收信方是否已经收到信件。

TCP 和 UDP 一个可靠一个高效，各有优缺点，各有用途。两者的端口分开编号，也就是说，TCP 和 UDP 可以使用同一编号，它们分别代表不同的端口。

IP 地址和传输层协议、端口在整个网络中唯一地标识了一个通信进程。在网络编程中，把 IP 地址和传输层协议、端口以及相关资源的组合称为套接字（socket）。

在应用层中，除标准的公共服务协议外，每一个应用程序都可以定义自己的协议。

对于网络编程而言，最经常接触的协议是传输层的 TCP 和 UDP、网络互联层的 IP，也就是上面提到的套接字。其他协议大多数时候呈透明状态（意思是说我们完全不必理会它们的存在）。

9.2 网络编程基础

9.2.1 套接字

Linux 下的网络编程都是通过套接字（Socket）进行的，套接字分为三类：

（1）流式套接字（SOCK_STREAM）：使用 TCP 协议的套接字。

（2）数据报套接字（SOCK_DGRAM）：使用 UDP 协议的套接字。

（3）原始套接字（SOCK_RAW）：对底层协议如 IP 或 ICMP 等进行直接访问。

9.2.2 数据存储字节序

计算机的存储器以字节为单位，但大多数时候，一个元数据（比如一个整数、一个 IP 地址）都多于一个字节。多于一个字节的元数据在计算机内存储时存在一个字节顺序的问题，是高位字节在存储器的低地址端还是低位字节在存储器的低地址端？实际上，两种存储方式都有使用。高位字节在存储器的低地址端的模式被称为高位字节优先模式，或者大端模式；低位字节在存储器的低地址端的模式被称为低位字节优先模式，或者小端模式。为了帮助大家理解，我们举一个具体的例子，在 32 位的 CentOS 6.7 中，short int 类型的数据占两个字节，假设

```
short int i=1;
```

换成二进制，则

```
i=0B0000,0000,0000,0001
```

上面的表达式中，0B 表示二进制，为了方便大家阅读，人为地在二进制位串中加入了逗号“,”。大端存储模式和小端存储模式如图 9-5 所示。

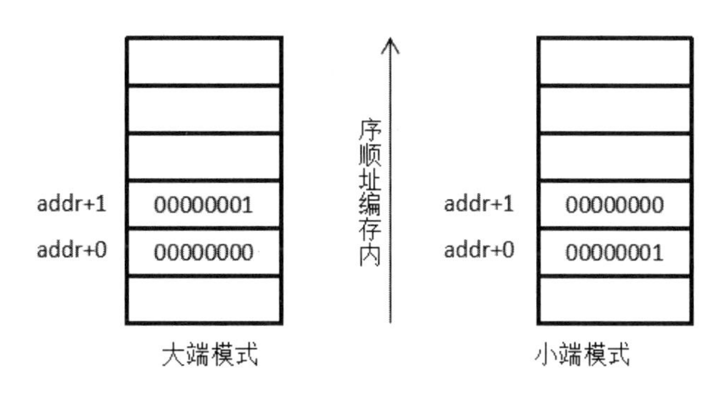

图 9-5 数据存储模式

如果数据的发送方和接收方都采用同一种数据存储字节序，那不管是哪个模式，对我们的使用都没有影响。但麻烦的是，因特网上的数据是以大端模式存储和处理的，而 PC 机一般

采用小端模式。因此，在传输 IP 地址和端口等网络需要处理的数据时，需要进行字节序的转换。C 语言提供了相应的转换函数：

```
#include <netinet/in.h>
uint32_t htonl(uint32_t hostlong);
uint16_t htons(uint16_t hostshort);
uint32_t ntohl(uint32_t netlong);
uint16_t ntohs(uint16_t netshort);
```

这 4 个函数按数据类型，分为长数据和短数据，长数据指 32 位的 IPv4 地址（以下简称 IP 地址），短数据指 16 位的端口号，函数名字最后的“l”表示长数据 long，“s”表示短数据 short；按转换的方向分为主机字节序转网络字节序和网络字节序转主机字节序，函数名字中的“h”表示主机 host，“n”表示网络 net。

给网络传递 IP 地址和端口时，我们不必关心主机的字节序，只需要调用这 4 个函数即可。如果主机字节序和网络字节序相同，则函数直接返回原数据，什么都不做。如果主机字节序和网络字节序不同，则函数返回网络字节序的数据。

大家应该明白的事情是，只有交给网络设备处理的数据，比如 IP 地址和端口号才需要进行字节序的转换，发送给目标主机的用户数据是不需要转换的。

9.2.3 套接字数据类型

前面说到，套接字在网络中唯一地标识了一个通信进程。程序发送单播数据（所谓单播数据是指发送给单个目标方的数据）时，必须指定目标通信进程的套接字。在 C 语言中，有两个数据结构用来保存和传递套接字信息。它们分别是 struct sockaddr 和 struct sockaddr_in。这两个套接字定义如下：

```
#include <bits/socket.h>
struct socketaddr
{
        sa_family_t sa_family;              //socket 协议和长度
        char sa_data[14];                   //地址数据，包括 IP 地址和端口
}

#define <netinet/in.h>
struct socketaddr_in
{
        sa_family_t sin_family;
        in_port_t sin_port;//端口
        struct in_addr sin_addr;//IP 地址
        unsigned char sin_zero[8];
}
```

这两个数据结构在使用上是等效的，可以互相转换。由于 struct sockaddr_in 的 IP 和端口是分开的，使用起来比较方便，所以通常使用 sockaddr_in。

9.2.4 地址格式转换

IPv4 地址实质上是一个 32 位的无符号二进制数。但是，描述和记忆太长的二进制是一件很困难的事情。因此为了方便，我们通常都把 IP 地址转换成点分十进制的形式使用。所谓点分十进制，是指把 32 位二进制数平均分成四段（位域），每段 8 位，再把四段 8 位二进制转换成十进制。比如我们平时常用的私有地址 192.168.1.15 就是点分十进制形式的 IP 地址。这个地址在计算机内部实际上为 11000000101010000000000100001111。显然，描述和记忆这么一个 IP 地址是不现实的。然而，我们传递给 sockaddr 或 sockaddr_in 的都必须是原始的 IP 地址格式。这时候，需要使用 C 语言提供的函数 inet_aton()和 inet_addr()来进行格式的转换。这两个函数的原型是：

```
int inet_aton(const char *cp, struct in_addr *inp);
int_addr_t inet_addr(const char *cp);
```

这两个函数表现形式不一样，但是功能是一样的，都是把点分十进制格式的 IP 地址转换成原始格式。

9.2.5 网络编程流程

网络通信都有两个实体，亦即对话的双方。如果是 TCP 协议，根据双方地位的不同，又分为服务器端和客户端。等候连接的一方称为服务器端，主动连接的一方称为客户端。如果是 UDP 协议，则收发数据之前不需要建立连接，双方在地位上是均等的。

以 TCP 协议为例的网络编程的流程如图 9-6 所示。

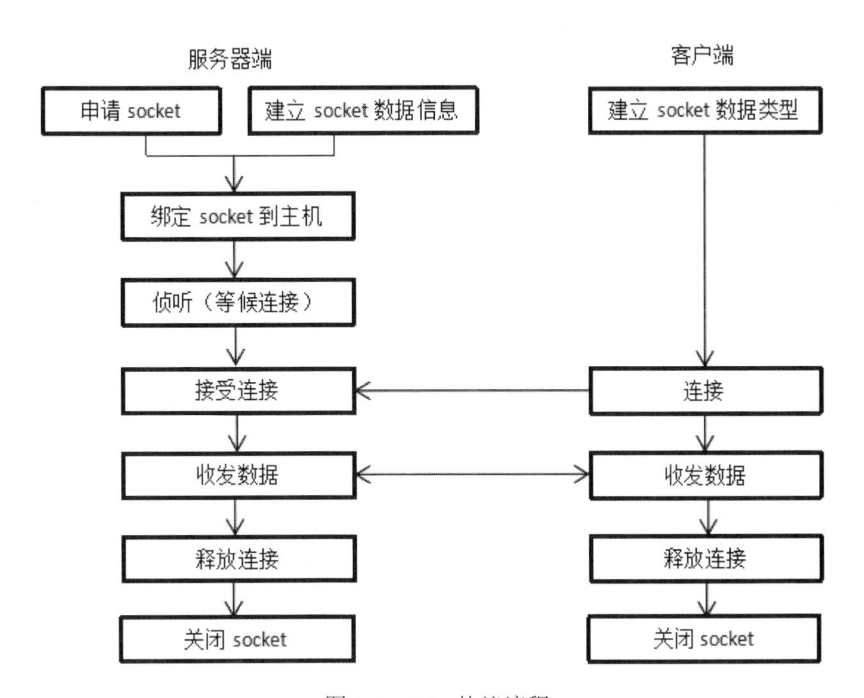

图 9-6 TCP 协议流程

以 UDP 协议为例的网络编程的流程如图 9-7 所示。

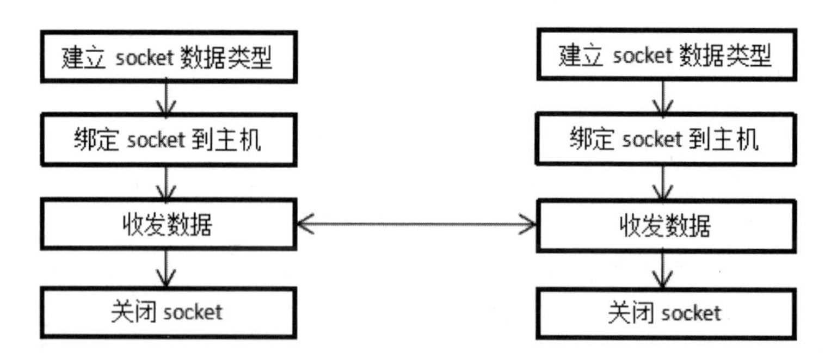

图 9-7　UDP 协议流程

9.3　TCP 协议网络编程实例

这个例子是一个简单的聊天程序组。之所以称为程序组，是因为这个例子由两个程序组成：服务器端和客户端。服务器端在某端口上等候客户端的连接，连接后就可以进行顺序对话。所谓顺序对话，是因为程序比较简单，只能实现 ABAB 式的对话，就是说，双方只能你一句我一句按顺序发言，不能乱序。为了简单起见，服务器端同时只接受一个客户端连入，实现一对一的聊天。

由于程序组包含服务器端和客户端，为了方便管理，在 Linux-C 下新建 tcp 目录，用于存放本例的相关文件。

【项目 9.3】

服务器端 chatServer9.3.c

```
1	#include	<stdio.h>
2	#include	<stdlib.h>
3	#include	<netinet/in.h>
4	#include	<string.h>
5	#include	<stdbool.h>

6	#define	PORT 4444
7	#define	BUFFER_SIZE 1024
8	#define	MAX_QUE_CONN_NM 1 //同时只允许一个客户连接

9	int	main()
10	{
11	struct sockaddr_in ServerSockaddr,ClientSockaddr;
12	char sendbuf[BUFFER_SIZE], recvbuf[BUFFER_SIZE];
13	socklen_t	sin_size;
14	int	recvbytes;
15	int	sfd,cfd;		//服务器和客户端 socket 句柄

16	bool isContinue;		//控制循环

17	if ((sfd=socket(AF_INET,SOCK_STREAM,0))==-1)
```

```
18          {
19              perror("Server Socket");
20              exit(EXIT_FAILURE);
21          }
22          printf("Server Socket id = %d\n" ,sfd);
23          ServerSockaddr.sin_family=AF_INET;
24          ServerSockaddr.sin_port=htons(PORT);
25          ServerSockaddr.sin_addr.s_addr=htonl(INADDR_ANY);
26          bzero(&(ServerSockaddr.sin_zero),8);
27          if (bind(sfd,(struct sockaddr *)&ServerSockaddr,sizeof(struct sockaddr))==-1)
28          {
29              perror("bind");
30              close(sfd);
31              exit(EXIT_FAILURE);
32          }
33          printf("Bind success!\n");
34          if (listen(sfd,MAX_QUE_CONN_NM)==-1)
35          {
36              perror("bind");
37              close(sfd);
38              exit(EXIT_FAILURE);
39          }
40          printf("Listening......\n");
41          if ((cfd=accept(sfd,(struct sockaddr *)&ClientSockaddr, &sin_size))==-1)
42          {
43              perror("accept");
44              close(sfd);
45              exit(EXIT_FAILURE);
46          }
47          isContinue=true;
48          while (isContinue)
49          {
50              bzero(recvbuf,sizeof(recvbuf));
51              if ((recvbytes=recv(cfd,recvbuf,sizeof(recvbuf),0))<=0)
52              {
53                  isContinue=false;
54              }
55              else
```

```
56              {
57                  printf("Received a message: %s\n",recvbuf);
58                  printf("Send a message:");
59                  bzero(sendbuf,sizeof(sendbuf));
60                  __fpurge(stdin);
61                  scanf("%s",sendbuf);
62                  if (strcmp(sendbuf,"q"))
63                  {
64                      send(cfd,sendbuf,strlen(sendbuf),0);
65                  }
66                  else
67                  {
68                      isContinue=false;
69                  }
70              }
71          }

72          close(cfd);
73          close(sfd);

74          return EXIT_SUCCESS;
75      }
```

程序解读：

在程序中，第 6 行定义了服务器使用的端口。端口是一个 16 位的无符号整数，数值范围为 0～65535。其中，0 有特殊意义，表示未知端口或未定端口；1～1023 分配给公共服务（比如 HTTP、FTP、DNS 等）；1024～45191 用于注册端口，就是说，用户自己编写的服务器使用这一段范围的端口进行侦听；45192～65535 用于动态端口。客户端进程一般不指定端口，需要通信时，由主机动态指定一个端口。charServer9.3 使用 4444 作为注册端口，在此端口上侦听来自客户端的连接。

第 11 行定义了分别用于保存服务器端套接字信息和连接进来的客户端套接字信息的数据类型的变量。

程序实现实时聊天功能，既需要接收数据，也需要发送数据，第 12 行分别定义了接收缓冲区和发送缓冲区。

第 17 行用 socket()函数建立一个套接字句柄，作用是提请主机给后续的通信分配相关资源。socket()函数的原型是：

```
int socket(int domain,int type,int protocol);
```

domain 表示套接字所采用的底层协议，AF_INET 代表 IPv4。type 表示套接字类型，除原始套接字外，protocol 传入 0。

大家需要把 socket()建立的套接字和 struct sockaddr_in 套接字数据类型区分开来。struct sockaddr_in 是用来保存套接字相关信息（比如 IP、端口等）的一个数据类型，而 socket()建立的套接字是主机为进程通信准备的一系统资源和准备工作的组合，使用句柄引用。

第 23～26 行填写服务器的 socket 数据信息，并把这些信息与申请的套接字绑定，表示程序使用 IPv4 进行通信，使用 TCP4444 端口，在本机任何 IP 上侦听。填写 socket 数据信息时，注意字节存储顺序的转换。

第 27 行把 socket 数据信息与前面申请的套接字绑定。

第 34 行提请主机开始侦听来自客户端的连接请求，同时只允许连接一个客户端。

第 41 行使用 accept()函数接受来自客户端的连接请求。accept()函数需要传入一个 struct socketaddr_in 变量，用于保存客户端的 socket 信息。accept()调用成功后，通过这个变量可以获得客户端的 IP 地址、端口等信息，同时，返回一个新的套接字句柄，该句柄指代与客户端的连接（如图 9-8 所示）。正常情况下，一个服务器允许多个客户同时接入，服务器通过连接套接字句柄来区分不同的客户。在本例中，由于同时只允许一个客户接入，所以，只定义了一个连接套接字句柄变量 cfd。值得注意的是，accept()是一个阻塞式函数。所谓的阻塞式，意思是说调用这个函数后，必须等到有客户连接请求，函数才返回。否则，程序将一直停留在第 38 行。

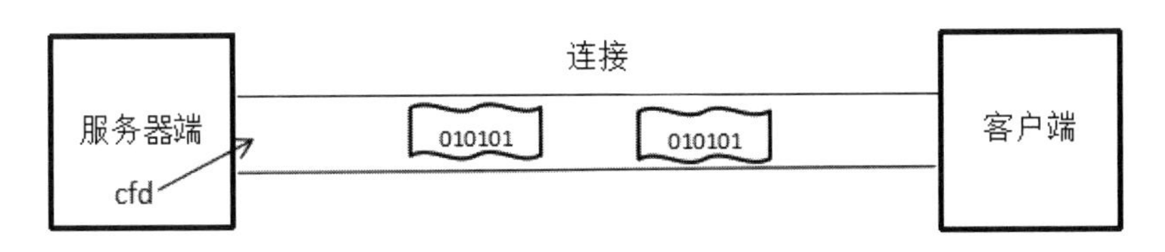

图 9-8　TCP 通信模型

第 48～71 行是实现 ABAB 式聊天的代码。聊天是一个循环过程，看似你一句我一句好像无穷无尽，但终归是需要终止的。什么时候终止聊天呢？有很多情况，一是对方人工终止（程序设定发言时输入 q 表示终止聊天），TCP 是一个面向连接的协议，所以，如果任何一方终止连接，则整个连接就会终止；二是己方人工终止（条件同一）；三是通信过程出错。程序巧妙地使用了布尔变量 isContinue 作为循环条件，当 isContinue 初始值为真，满足终止聊天的三个条件任意一个时，isContinue 变为假，退出循环。第 51 行的判断条件是接收到的字节数 recvbytes<=0，当接收字节数为负数时，说明通信出错；当接收到的字节数为 0 时，表示对方终止了连接。recv()完成接收数据的功能，也是一个阻塞式的函数。

第 72～73 行在程序结束之前关闭打开的套接字，释放资源。

客户端 chatClient9.3.c

```
1    #include <stdio.h>
2    #include <stdlib.h>
3    #include <netinet/in.h>
4    #include <string.h>
5    #include <stdbool.h>

6    #define PORT 4444
7    #define BUFFER_SIZE 1024

8    int main()
9    {
10       struct sockaddr_in ServerSockaddr;
11       char sendbuf[BUFFER_SIZE],recvbuf[BUFFER_SIZE];
12       int cfd;
```

```
13          intrecvbytes;
14          bool isContinue;

15          if ((cfd=socket(AF_INET,SOCK_STREAM,0))==-1)
16          {
17              perror("Client Socket");
18              exit(EXIT_FAILURE);
19          }

20          printf("Client id = %d\n",cfd);

21          ServerSockaddr.sin_family=AF_INET;
22          ServerSockaddr.sin_port=htons(PORT);
23          ServerSockaddr.sin_addr.s_addr=inet_addr("127.0.0.1");
24          bzero(&(ServerSockaddr.sin_zero),8);

25          if (connect(cfd,(struct sockaddr *)&ServerSockaddr,sizeof(struct sockaddr))==-1)
26          {
27              perror("connect");
28              close(cfd);
29              exit(EXIT_FAILURE);
30          }

31          printf("Connect success!\n");

32          isContinue=true;
33          while (isContinue)
34          {
35              printf("Send a message:");
36              bzero(sendbuf,sizeof(sendbuf));
37              __fpurge(stdin);
38              scanf("%s",sendbuf);
39              if (strcmp(sendbuf,"q"))
40              {
41                  send(cfd,sendbuf,strlen(sendbuf),0);
42              }
43              else
44              {
45                  isContinue=false;
46              }

47              if (isContinue)
48              {
49                  bzero(recvbuf,sizeof(recvbuf));
50                  if ((recvbytes=recv(cfd,recvbuf,sizeof(recvbuf),0))<=0)
51                  {
```

```
52                        isContinue=false;
53                    }
54                    else
55                    {
56                        printf("Received a message: %s\n",recvbuf);
57                    }
58                }
59            }

60            close(cfd);

61            return EXIT_SUCCESS;
62        }
```

程序解读：

客户端程序与服务器端程序有类似的地方，也有不同之处。

由于客户端的端口一般使用动态端口，由主机随机指定，客户端一般也不限定具体使用主机的哪个 IP 进行通信，所以客户端一般不需要使用 socket 数据信息进行绑定。当然，如果有实际需要，客户端也是可以和服务器端一样绑定具体的 IP 和端口的。

在连接过程中，客户端是发起方，服务器是接受方，所以客户端需要使用 struct sockaddr_in 数据类型指定连接到哪个服务器（第 21～24 行），而服务器只需要通过 accept()获得客户端信息。由于我们实验时只有一个 Linux 主机，服务器端和客户端都在一个主机上，所以第 23 行指定服务器 IP 时使用了指代本机的环回地址 127.0.0.1。

第 25 行使用 connect()连接到指定的服务器。

第 32～59 行是和服务器类似的聊天代码。

分别编译服务器端和客户端，并在不同的终端按顺序依次运行服务器端和客户端，即可开始网络聊天之旅，如图 9-9 所示。

```
[root@localhost tcp]# ./server
Socket id = 3
Bind success!
Listening......
Received a message:  aaaaaa
Send a message: bbbbbbb
Received a message:  cccccc
Send a message: ddddddd
[root@localhost tcp]#
```

```
[root@localhost tcp]# ./client
Client id = 3
Connect success!
Send a message: aaaaaa
Received a message:  bbbbbbb
Send a message: cccccc
Received a message:  ddddddd
Send a message: q
[root@localhost tcp]#
```

图 9-9　聊天效果

9.4　UDP 协议网络编程实例

这个例子的功能和【项目 9.3】一样，实现一对一的 ABAB 式网络聊天。不同的是，这次改用 UDP 协议来完成。对于 UDP 协议，通信双方处于对等地位，没有所谓的服务器端和客户端。但为了描述方便，仍然把其中一方称为服务器端，另一方称为客户端。

程序组包含服务器端和客户端，为了方便管理，在 Linux-C 下新建 udp 目录，用于存放本例的相关文件。

【项目 9.4】

服务器端 chatServer9.4.c

```
1	#include <stdio.h>
2	#include <stdlib.h>
3	#include <netinet/in.h>
4	#include <string.h>
5	#include <stdbool.h>

6	#define LOCALPORT 4444
7	#define REMOTEPORT 4445
8	#define BUFFER_SIZE 1024

9	int main()
10	{
11	    struct sockaddr_in ServerSockaddr,ClientSockaddr;
12	    char sendbuf[BUFFER_SIZE],recvbuf[BUFFER_SIZE];
13	    int sfd;
14	    int recvbytes;
15	    bool isContinue;

16	    if ((sfd=socket(AF_INET,SOCK_DGRAM,0))==-1)
17	    {
18	        perror("Server Socket");
19	        exit(EXIT_FAILURE);
20	    }

21	    printf("Socket id = %d\n",sfd);

22	    ServerSockaddr.sin_family=AF_INET;
23	    ServerSockaddr.sin_port=htons(LOCALPORT);
24	    ServerSockaddr.sin_addr.s_addr=htonl(INADDR_ANY);
25	    bzero(&(ServerSockaddr.sin_zero),8);

26	    if (bind(sfd,(struct sockaddr *)&ServerSockaddr,sizeof(struct sockaddr))==-1)
27	    {
28	        perror("bind");
29	        close(sfd);
30	        exit(EXIT_FAILURE);
31	    }

32	    printf("Bind success!\n");

33	    ClientSockaddr.sin_family=AF_INET;
34	    ClientSockaddr.sin_port=htons(REMOTEPORT);
35	    ClientSockaddr.sin_addr.s_addr=inet_addr("127.0.0.1");
```

```
36          bzero(&(ServerSockaddr.sin_zero),8);

37          isContinue=true;
38          while (isContinue)
39          {
40              bzero(recvbuf,sizeof(recvbuf));
41              if ((recvbytes=recv(sfd,recvbuf,sizeof(recvbuf),0))<=0)
42              {
43                  isContinue=false;
44              }
45              else
46              {
47                  printf("Received a message: %s\n",recvbuf);
48                  if (strcmp(recvbuf,"q"))//if the companion send "q",to quit
49                  {
50                      printf("Send a message:");
51                      bzero(sendbuf,sizeof(sendbuf));
52                      __fpurge(stdin);
53                      scanf("%s",sendbuf);
54                      sendto(sfd,sendbuf,strlen(sendbuf),0,(struct sockaddr *)&ClientSockaddr,
                            sizeof(struct sockaddr));
55                      if (!strcmp(sendbuf,"q"))
56                      {
57                          isContinue=false;
58                      }
59                  }
60                  else
61                  {
62                      isContinue=false;
63                  }
64              }
65          }

66          close(sfd);

67          return EXIT_SUCCESS;
68      }
```

客户端 chatClient.9.4.c

```
1       #include <stdio.h>
2       #include <stdlib.h>
3       #include <netinet/in.h>
4       #include <string.h>
5       #include <stdbool.h>

6       #define LOCALPORT 4445
7       #define REMOTEPORT 4444
```

```
8       #define BUFFER_SIZE 1024

9       int main()
10      {
11          struct sockaddr_in ClientSockaddr,ServerSockaddr;
12          char sendbuf[BUFFER_SIZE],recvbuf[BUFFER_SIZE];
13          int cfd;
14          int sin_size,recvbytes;
15          bool isContinue;

16          if ((cfd=socket(AF_INET,SOCK_DGRAM,0))==-1)
17          {
18              perror("Client Socket");
19              exit(EXIT_FAILURE);
20          }

21          printf("Client id = %d\n",cfd);

22          ClientSockaddr.sin_family=AF_INET;
23          ClientSockaddr.sin_port=htons(LOCALPORT);
24          ClientSockaddr.sin_addr.s_addr=htonl(INADDR_ANY);
25          bzero(&(ServerSockaddr.sin_zero),8);

26          if (bind(cfd,(struct sockaddr *)&ClientSockaddr,sizeof(struct sockaddr))==-1)
27          {
28              perror("bind");
29              close(cfd);
30              exit(EXIT_FAILURE);
31          }

32          printf("Bind success!\n");

33          ServerSockaddr.sin_family=AF_INET;
34          ServerSockaddr.sin_port=htons(REMOTEPORT);
35          ServerSockaddr.sin_addr.s_addr=inet_addr("127.0.0.1");
36          bzero(&(ServerSockaddr.sin_zero),8);

37          isContinue=true;
38          while (isContinue)
39          {
40              printf("Send a message:");
41              bzero(sendbuf,sizeof(sendbuf));
42              __fpurge(stdin);
43              scanf("%s",sendbuf);
44              sendto(cfd,sendbuf,strlen(sendbuf),0,(struct sockaddr *)&ServerSockaddr,
                        sizeof(struct sockaddr));
```

```
45          if (!strcmp(sendbuf,"q"))
46          {
47              isContinue=false;
48          }

49          if (isContinue)
50          {
51              bzero(recvbuf,sizeof(recvbuf));
52              if ((recvbytes=recv(cfd,recvbuf,sizeof(recvbuf),0))<=0)
53              {
54                  isContinue=false;
55              }
56              else
57              {
58                  printf("Received a message: %s\n",recvbuf);
59                  if (!strcmp(recvbuf,"q"))//if the companion send "q",to quit
60                  {
61                      isContinue=false;
62                  }
63              }
64          }
65      }

66      close(cfd);

67      return EXIT_SUCCESS;
68  }
```

程序解读：

前面说过，对于 UDP 协议，没有严格意义上的服务器端和客户端。例子里只是为了描述方便，人为地把两个程序分成了服务器端和客户端。实际上，两个程序的代码基本相同。下面以服务器端讲解 UDP 通信编程。

在 UDP 通信程序中，任何一方都可以不使用 bind()函数人为地指定端口，而使用主机动态分配的端口即可。但在实际的使用中，因为程序每次运行所使用的动态端口都不一样，如果双方同时使用动态端口，则任何一方都无法知道对方正在使用什么端口，而导致沟通上的困难。因此，至少应该有一方使用 bind()函数绑定固定的端口。如果另一方使用动态端口，则使用固定端口的一方在接收对方发送的数据时获取对方的 IP 和端口等信息。

在本例中，服务器端和客户端均使用 bind()函数绑定了固定端口。由于服务器端和客户端同时运行在同一主机上，所以它们分别使用了不同的端口，服务器端使用 4444，客户端使用 4445。第 22～31 行即是起到绑定固定端口的作用。由于客户端的端口也是固定的，因此，第 33～36 行直接人工填写客户端的 socket 数据信息，而不是从接收的数据中获取。

本例的 while 循环的退出条件与【项目 9.3】不太一样。【项目 9.3】使用的是面向连接的 TCP 协议，任何一方中止连接都会导致整个连接的终止。所以【项目 9.3】可以通过判断接收到的字节数获知对方是否已经终止了连接，只要对方终止了连接，本方就跟着退出循环，关闭进程。但在 UDP 协议中，通信的双方是一种松散的关系，不需要建立任何连接，任何一方可以在任意时刻给对方发送数据，发送完数据后也不需要释放连接，因此无法获知对方是否已经收到数据。所以，任何一方都无法掌握对方的状态，对方是否已经释放套接字、关闭进程都是一个未知数。如果任何一方人工终止循环，关闭进程前不通知对方，则对方会一直处于等待状态。为了解决这个问题，在本例中，任何一方接收用户输入的“q”字符退出循环并关闭套接字之前，都先把“q”字符发送给对方。任何一方收到对方发送来的“q”字符之后，都人工退出循环，关闭套接字。这样就达到了双方同步的效果。

在面向连接的 TCP 协议中，连接就唯一地确定了通信的双方，所以每次发送数据只需要指定连接套接字而不需要指定目标进程。而在无连接的 UDP 协议中，每次发送数据都需要使用 sendto()函数，通过传入目标进程的套接字数据类型变量，指定具体的目标进程，如图 9-10 所示。

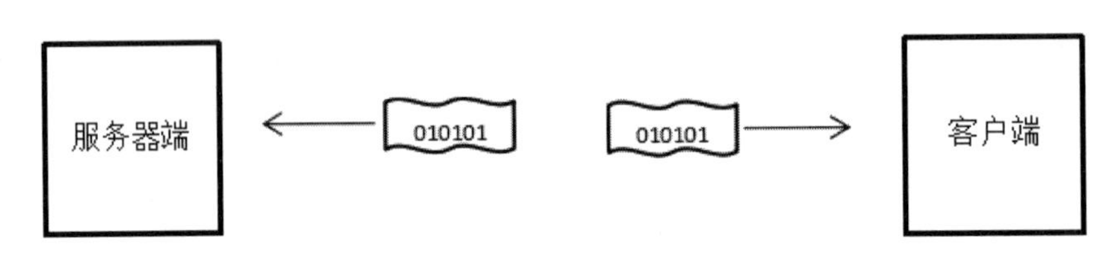

图 9-10　UDP 通信模型

例子中的其他代码与【项目 9.3】大同小异，此处不再赘述。

如图 9-11 所示是【项目 9.4】的聊天效果截图。

```
[root@localhost udp]# ./server
Socket id = 3
Bind success!
Received a message:  aaaaaaaaaaa
Send a message: bbbbbbbbbb
Received a message:  ccccccccccc
Send a message: dddddddddd
Received a message:  q
[root@localhost udp]#
```

```
[root@localhost udp]# ./client
Client id = 3
Bind success!
Send a message: aaaaaaaaaaa
Received a message:  bbbbbbbbbb
Send a message: ccccccccccc
Received a message:  dddddddddd
Send a message: q
[root@localhost udp]#
```

图 9-11　聊天效果

小结

随着计算机技术迅速向着网络化的方向发展，嵌入式系统也顺应这一历史潮流，普遍地具有网络连接的功能。特别是随着物联网时代的到来，设备或机器通过嵌入式系统连接到 Internet 中，实现了智能化的机器对话、人机对话。本章介绍了网络通信的基本原理，包括协议的概念、协议分层、OSI 参考模型、TCP/IP 协议簇等；讲述了 Linux C 网络编程的知识，包括套接字、数据存储模式以及相关的数据结构和函数等；给出了 TCP 和 UDP 网络通信的实例。

思考与练习

1．网络协议分层有什么好处？

2．TCP 和 UDP 有什么区别？

3．Linux 下的网络编程有多少种套接字，它们分别使用什么协议？

4．什么是数据存储的大端模式和小端模式？网络上的数据使用什么模式？

5．使用 TCP 或 UDP 协议把传统游戏“石头剪刀布”远程化。游戏由甲乙两方参与，双方同意后开始游戏，每方每次有三个选项：石头、剪刀或布。每次博弈结果都同时显示在双方的屏幕上。在游戏中，石头、剪刀和布可以用字符串来表示，也可以用编号来表示。

第 10 章　驱动程序初步

计算机系统，特别是嵌入式计算机系统，总是需要连接不同的硬件设备。比如 PC 上的显卡、声卡等，比如嵌入式系统上的各种接口以及接口上连接的各种设备等（为了描述方便，以下把计算机系统上的接口以及各种设备统称为硬件设备，或简称为硬件）。计算机系统中的每一种硬件设备的内部结构和工作原理都不一样，甚至有些硬件设备的版本比操作系统还要新（意思是说，硬件设备的设计制造时间在操作系统的发布时间之后），操作系统根本无法控制它们，让它们正常地工作。怎么解决操作系统和硬件设备之间的沟通问题呢？解决的办法是让硬件设备的厂商或开发商按照一定的标准编写控制硬件设备工作的程序，操作系统需要使用相关的硬件设备时，就按照既定的标准调用硬件设备厂商或开发商写好的程序。这个由硬件设备厂商或开发商按照标准编写的，供操作系统调用的，用于控制硬件设备工作的程序就叫做驱动程序。因此，驱动程序的编写是硬件设备开发过程中必不可少的环节。

本章通过编写一个虚拟硬件设备的驱动程序让读者朋友初步理解 Linux 驱动程序的框架和编写方法。

10.1　驱动程序基本概念

如上所述，驱动程序是指按照一定的标准编写的，供操作系统调用的，用于控制硬件设备工作的程序。想要控制硬件设备，必须得熟悉硬件设备的内部结构和工作原理，因此，驱动程序一般由硬件设备厂商或开发商负责编写。

计算机系统上的很多应用系统，特别是嵌入式系统上的应用系统，经常需要从硬件设备上获得数据，或者控制硬件设备工作。那么，应用程序、操作系统、驱动程序和硬件设备之间是一种什么样的关系呢？

在讲解应用程序、操作系统、驱动程序和硬件设备之间的关系之前，首先要了解 Linux 操作系统的一个重要的思想：在 Linux 中，一切都是文件。这个思想的意思是说，在 Linux 中，所有的硬件、软件资源都是以文件的形式呈现给用户。保存在磁盘上的数据以文件的形式存在，硬件设备也以文件的形式存在。对应不同的资源，Linux 的文件有不同的类型。其中，有一类文件叫作设备文件，就是用来指代硬件设备。有了这个思想和设备文件的概念，再加上使用计算机系统的用户，它们之间的关系如图 10-1 所示。

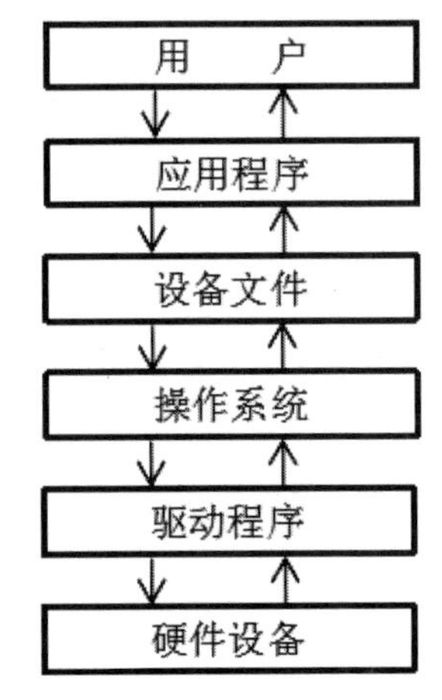

图 10-1　从用户到硬件设备之间各元素的关系

用户通过应用程序使用计算机，应用程序通过读写设备文件来操作相应的硬件设备。将对设备文件的读写请求提交给操作系统，操作系统调用与设备文件对应的驱动程序真正地控制硬件设备工作。各个环节之间都是双向的关系，用户的数据提交给应用程序，应用程序通过文件写操作把数据写入设备文件，操作系统把写入设备文件的数据传给驱动程序，驱动程序再传给硬件。硬件产生的数据则沿着相反的方向向上传递，最终呈现给用户。

Linux 根据硬件的读写特点把设备分为两类：字符设备和块设备。

- 字符设备是指以字节为单位顺序读写的设备，比如并口设备、虚拟控制台等。
- 块设备是指以块为单位随机读写的设备，比如硬盘、光驱等。

设备文件和驱动程序怎么联系起来呢？换句话说，假设应用程序打开了某个设备文件进行读写，操作系统如何知道应该调用哪个驱动程序？为了解决此问题，Linux 给每个设备编了个号，称为设备号。设备号是一个数字。驱动程序加载时为所控制的每个设备向操作系统申请一个设备号，同时，设备文件在建立时需要指派一个和硬件设备同样的设备号。

为了帮助读者朋友理解设备文件和驱动程序之间的关联，这里举一个示意性的例子，假设系统里有一个硬件设备 A，驱动程序 B 是硬件设备 A 的驱动程序。驱动程序 B 在加载时会向操作系统申请一个设备号，假设申请到的设备号为 n。我们再给硬件设备 A 建立一个设备文件 C，建立 C 时，需要绑定一个设备号，如果绑定了 n，那么这个设备文件就关联到了驱动程序 B。如果有应用程序读写设备文件 C，操作系统通过给 C 指定的设备号 n 就找到了驱动程序 B，操作驱动程序 B 就使用了硬件设备 A。

就这样，通过设备号，设备文件和驱动程序就建立了关联，进一步说，应用程序通过读写特定设备号的设备文件也就和相应的硬件设备建立了关联。

计算机系统中可能存在着不止一个同类设备。同类设备使用同样的驱动程序，但它们是独立的个体。为了区分同类设备，也为了方便管理，Linux 把设备号拆分成主设备号和次设备号两部分。主设备号表示设备的类别，次设备号表示同类设备的编号。

如图 10-2 所示，使用长格式查看文件信息时，第 1 个字段的首字母表示文字的类型，其中，“c”表示字符设备文件，“b”表示块设备文件。第 5 列和第 6 列分别表示设备文件的主设备号和次设备号。比如 tty1 的主设备号是 4，次设备号是 1。tty0、tty1、tty10 是同类设备，它们拥有共同的主设备号 4。

```
[root@localhost dev]# ll sda* --color=none
brw-rw----. 1 root disk 8, 0 4月   27 20:35 sda
brw-rw----. 1 root disk 8, 1 4月   27 20:35 sda1
brw-rw----. 1 root disk 8, 2 4月   27 20:35 sda2
[root@localhost dev]# ll tty* --color=none
crw-rw-rw-. 1 root tty     5,  0 4月  27 20:35 tty
crw--w----. 1 root tty     4,  0 4月  27 20:35 tty0
crw--w----. 1 root tty     4,  1 4月  27 20:43 tty1
crw--w----. 1 root tty     4, 10 4月  27 20:35 tty10
```

图 10-2　Linux 中的设备文件

我们前面几章编写的都是普通的应用程序，那么驱动程序和应用程序之间有什么区别呢？

应用程序加载后会直接运行，所以每个应用程序都有一个入口点，也就是主函数 main()。因为驱动程序加载后并不立即运行，而是驻留在内存中等待操作系统调用，所以驱动程序没有 main()函数。操作系统接受应用程序通过读写设备文件发来的指令，调用驱动程序中相应的函数来控制硬件。由于驱动程序是由不同的硬件设备厂商或开发商编写，所以为了方便操作系统调用，驱动程序必须拥有标准的接口。正由于此，驱动程序有着固定的框架结构。编写驱动程序只需要在标准的框架结构上填上相应的代码即可。很多人刚接触时都觉得是编写驱动程序是一个很深奥很神秘的事情，实际上，编写驱动程序比编写比较复杂的普通应用程序要容易。

Linux 中的驱动程序有两种存在方式：一是直接编译到内核中，二是编译成独立的模块。第一种方式开发起来比较麻烦，需要把驱动程序的代码和内核源码组合在一起编译，最后链接到内核模块 vmlinux 中，而且使用起来缺乏灵活性，驱动程序随着系统启动自动加载，不想加载时需要重新编译内核。因此，第一种方式一般只应用在系统必不可少的硬件驱动上，比如 CPU、硬盘、PCI 总线等。第二种方式以独立的文件形式存在于系统中，开发和使用都较灵活，可以根据需要动态加载或卸载，加载和卸载都不需要重新编译内核。

本书只讲述以独立的模块存在的驱动程序的编写方法。下面以字符设备为例初步认识驱动程序的框架结构。

10.2　最简单的字符设备驱动程序

本小节实现一个最简单的驱动程序。驱动程序只需要一个极简短的 C 语言源文件 hello_driver.c。该驱动程序不提供应用程序读写功能，也没有真正控制任何硬件设备，只能加载和卸载。

加载时在屏幕上显示：

Welcome to Hello character driver!

卸载时在屏幕上显示：

Goodbye! Character is so easy!

该驱动程序虽然没有实际使用的价值，但可以让读者朋友初步了解驱动程序的框架结构，本例是学习驱动程序编程的一个很好的例子。后面的章节将会在此基础上，添加其他代码，使其具有常规的读写、控制等功能。

驱动程序的编译需要使用 make 工具。为了方便管理，在 Linux-C 目录下新建目录 hello_driver 用于存放本例。

【驱动程序 10.2】

hello_driver.c

```
1    #include  <linux/module.h>

2    static int __init hello_init(void)
3    {
4    printk(KERN_INFO"welcome to Hello character driver!\n");
5    return 0;
6    }

7    void __exit hello_exit(void)
8    {
9    printk("Goodbye! Character driver is so easy!\n");
```

```
10        }

11        module_init(hello_init);
12        module_exit(hello_exit);

13        MODULE_LICENSE("Dual BSD/GPL");
```

程序解读：

程序一共只有短短的 13 行，非常简单。其中，定义了两个函数 hello_init()和 hello_exit()。第 11 行调用函数 module_init()通知操作系统 hello_init()是驱动程序的初始化函数，第 12 行调用函数 module_exit()通知操作系统 hello_exit()是驱动程序的退出函数。

初始化函数在驱动程序加载时被操作系统调用，用于初始化硬件和做一些准备工作。退出函数在卸载驱动程序时被操作系统调用，用于做一些清理工作，比如复原硬件和一些数据等。

既然初始化函数和退出函数是供操作系统调用的函数，那它们必须有固定的格式。

初始化函数的格式为：

```
static int __init function_name(void)
{
    .........
    return 0;
}
```

static 是一个函数类别修饰符，表示初始化函数是一个内部函数（关于内部函数，读者可以自行查阅相关资料）。初始化函数返回值为整数，在函数的最后返回 0。__init（前面是两个下划线）是 gcc 的函数属性修饰符。void 是空的意思，表示函数不接受参数。省略号处是初始化工作所需要的代码，在实际的应用中大家根据需要填写，在本例中只有一行，使用 printk()函数打印消息 welcome to Hello character driver!。大家要注意的是，由于驱动程序是在内核空间里运行的，而普通应用程序使用的 printf()函数是在用户空间里运行的函数，所以驱动程序不能使用 printf()，取而代之的是 printk()。KERN_INFO 表示打印的消息的级别为提示信息。

系统级别的消息根据消息的轻重缓急对消息进行了分级，共分为 8 级，如表 10-1 所示。

表 10-1　系统消息级别

标志	级别	意义
KERN_EMERG	0	紧急事件消息，系统崩溃之前提示，表示系统不可用
KERN_ALERT	1	报告消息，表示必须立即采取措施
KERN_CRIT	2	临界条件，通常涉及严重的硬件或软件操作失败
KERN_ERR	3	错误条件，驱动程序常用 KERN_ERR 来报告硬件的错误
KERN_WARNING	4	警告条件，对可能出现问题的情况进行警告
KERN_NOTICE	5	正常但又重要的条件，用于提醒。常用于与安全相关的消息
KERN_INFO	6	提示信息，当驱动程序启动时，打印硬件信息
KERN_DEBUG	7	调试级别的消息

初始化函数的名字可以自定义，只需要使用 module_init()函数向系统登记即可。在本例中，把初始化函数定义为 hello_init。

退出函数的格式为：

```
void __exit function_name(void)
{
    .........
}
```

在格式上，退出函数比初始化函数要简单。省略号处是清理工作的代码所在处。在本例中，使用 printk()打印提示消息 Goodbye! Character driver is so easy!。

退出函数的名字同样可以自定义，需要使用 module_exit()向系统登记。

程序的第 13 行是声明本程序遵守 GPL 的开源协议，任何人可以得到和修改这个驱动的代码。如果缺少这一行，加载驱动时系统会给出警告，提示驱动程序不符合 GPL 的开源精神。

程序编写完成后，需要把程序编译成.ko 文件。.ko 是 kernel object 的缩写，是指可动态加载到内核的模块。驱动程序的编译需要使用到 Linux 内核源码，所以，不能使用简单的 gcc 命令来完成，而需要使用 make 工具。其中，典型的单源文件 Makefile 如下：

```
1        obj-m:=hello_driver.o

2        KDIR:=/lib/modules/$(shell uname -r)/build
3        SRCPWD:=$(shell pwd)

4        all:
5        <tab>make -C $(KDIR) M=$(SRCPWD) modules

6        clean:
7        <tab>rm -f hello_driver.mod* hello_driver.ko* modules.order Mudule.symvers hello_driver.o
```

Makefile 的头 3 行是给变量赋值，其中，obj-m 是 make 内置的变量，把这个变量赋值为 hello_driver.o，表示要把 hello_driver.o 编译成.ko 模块文件。那么，hello_driver.o 从哪里来呢？make 会自动地在当前目录下寻找 hello_driver.o 的同名文件 hello_driver.c，并把 hello_driver.c 编译成 hello_driver.o。KDIR 和 SRCPWD 是自定义变量，KDIR 保存系统内核源码所在目录，SRCPWD 保存当前目录。在给这两个变量赋值时，都出现了形如

```
$(shell ......)
```

的代码。这个代码表示执行 shell 后面的命令，把命令结果代替$(shell ......)成为字符串的一部分。以第 2 行为例，$(shell uname -r)表示执行命令

```
uname -r
```

该命令的作用是显示内核版本信息，在我们使用的 32 位 CentOS 6.7 中，结果为：

```
2.6.32-573.el6.i686
```

如图 10-3 所示是命令执行结果的截图。

```
[root@localhost hello_driver]# uname -r
2.6.32-573.el6.i686
```

图 10-3　uname -r 的结果

因此，KDIR 变量最终的值是字符串/lib/modules/2.6.32-573.el6.i686/build。这个目录正是系统内核源码的所在目录。

第 5 行带选项和参数的 make 命令表示先到系统源码所在目录执行其中的 Makefile 再回到当前目录继续运行。

第 6、7 行是一个伪目标，用于清理目录中一些不需要的文件。

这个 Makefile 是一个比较典型的编译单源文件的驱动程序的 Makefile。内核源码目录和当前目录都使用了命令执行结果，而不是直接赋值，所以通用性比较强，可以适用于不同的驱动程序和不同的 Linux 平台。大家编写别的驱动程序时，只需要把第 1 行中的文件名改成相应的文件名就可以再次使用。

保存 Makefile，在 hello_driver 目录执行 make，生成 hello_driver.ko 驱动程序，如图 10-4 所示。

```
[root@localhost hello_driver]# make
make -C /lib/modules/2.6.32-573.el6.i686/build M=/root/Linux-C/hello_driver mo
make[1]: Entering directory `/usr/src/kernels/2.6.32-573.el6.i686'
  CC [M]  /root/Linux-C/hello_driver/hello_driver.o
  Building modules, stage 2.
  MODPOST 1 modules
  CC      /root/Linux-C/hello_driver/hello_driver.mod.o
  LD [M]  /root/Linux-C/hello_driver/hello_driver.ko.unsigned
  NO SIGN [M] /root/Linux-C/hello_driver/hello_driver.ko
make[1]: Leaving directory `/usr/src/kernels/2.6.32-573.el6.i686'
[root@localhost hello_driver]# ls
hello_driver.c   hello_driver.ko            hello_driver.mod.c  hello_driver.o
hello_driver.c~  hello_driver.ko.unsigned   hello_driver.mod.o  Makefile
[root@localhost hello_driver]#
```

图 10-4 编译成.ko 文件

既然生成的是动态可加载的驱动程序，那么我们可以随时加载和卸载它。使用命令

```
insmod hello_driver.ko
```

加载驱动程序，如图 10-5 所示。insmod 命令是 insert module 的缩写，意思是把模块插入到内核中。

```
[root@localhost hello_driver]# insmod hello_driver.ko
[root@localhost hello_driver]#
```

图 10-5 加载驱动程序

加载驱动程序后，可以使用 lsmod 命令列出系统内核中已经加载的模块，如图 10-6 所示。

```
[root@localhost hello_driver]# lsmod | more
Module                  Size  Used by
hello_driver             623  0
fuse                   67725  2
ebtable_nat             1469  0
ebtables               15208  1 ebtable_nat
ipt_MASQUERADE          1726  3
iptable_nat             4858  1
```

图 10-6 列出已加载的驱动程序

由于驱动程序目前没有任何实用价值，只能加载和卸载，所以接下来我们尝试把驱动程序从内核中卸载，如图 10-7 所示。卸载使用的命令是 rmmod，意为 remove module。

需要大家注意的是，加载时需要把驱动程序的文件名 hello_driver.ko 写完整，但卸载时可以省略.ko，写成 hello_driver，也可以写完整的名字 hello_driver.ko。因为在加载时，系统需要根据名字查找对应的文件，当加载成功后，驱动程序在内核的模块名字就叫作 hello_driver。因此，卸载时省略扩展名.ko。

如图 10-7 所示，执行 rmmod hello_driver 后，使用 lsmod 再次查看已经加载的模块，发现已经没有了 hello_driver，说明已经卸载成功。

```
[root@localhost hello_driver]# rmmod hello_driver
[root@localhost hello_driver]# lsmod | more
Module                  Size  Used by
fuse                   67725  2
ebtable_nat             1469  0
ebtables               15208  1 ebtable_nat
ipt_MASQUERADE          1726  3
iptable_nat             4858  1
```

图 10-7 卸载驱动程序

在初始化函数和退出函数中，我们分别使用 printk()显示了一行字符，但在图形界面的模拟终端下加载或卸载 hello_driver.ko 时，却在屏幕上看不到任何信息。这是怎么回事呢？

printk()打印的是系统级别的消息，它面向的对象是系统管理员，只显示在控制台上，而不显示在其他终端上。因此，我们在模拟终端上看不到 printk()的输出。除此之外，printk()还会把信息打印到系统消息缓冲区中，因此，使用 dmesg 命令查看系统消息缓冲区就会看到 printk()的输出。

如图 10-8 所示是加载、卸载驱动程序后打印到系统消息缓冲区的提示消息。

```
[root@localhost hello_driver]# insmod hello_driver.ko
[root@localhost hello_driver]# rmmod hello_driver.ko
[root@localhost hello_driver]# dmesg | tail
Ebtables v2.0 registered
SELinux: initialized (dev mqueue, type mqueue), uses transition SIDs
SELinux: initialized (dev proc, type proc), uses genfs_contexts
SELinux: initialized (dev mqueue, type mqueue), uses transition SIDs
lo: Disabled Privacy Extensions
SELinux: initialized (dev proc, type proc), uses genfs_contexts
fuse init (API version 7.14)
SELinux: initialized (dev fuse, type fuse), uses genfs_contexts
welcome to Hello character driver!
Goodbye! Character driver is so easy!
[root@localhost hello_driver]#
```

图 10-8 加载、卸载驱动程序，查看打印的消息

由于系统信息缓冲区中的信息非常多，为了方便查看，如图 10-8 所示在 dmesg 后面使用了管道符把消息导入 tail 命令处理，只显示最新的系统消息。

实际上，printk()打印的消息也会写到系统日志中，如图 10-9 所示。但是，只有在缓冲区已满后才真正写入日志文件，因此，通过查看日志文件有时候会看到消息，也有时候会看不到消息。

至此，只有加载和卸载功能的最简单的驱动程序已经完成。虽然此驱动程序没有实质性的功能，但是可以帮助读者朋友初步了解驱动程序的框架结构。下面在此基础上，我们再进一步完善驱动程序。

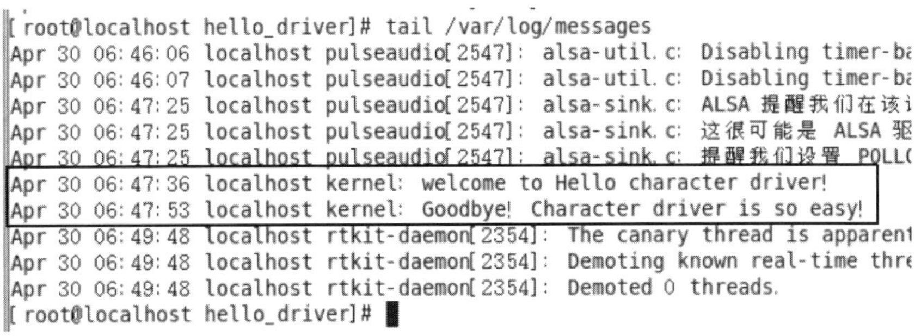

```
[ root@localhost hello_driver]# tail /var/log/messages
Apr 30 06:46:06 localhost pulseaudio[2547]: alsa-util.c: Disabling timer-ba
Apr 30 06:46:07 localhost pulseaudio[2547]: alsa-util.c: Disabling timer-ba
Apr 30 06:47:25 localhost pulseaudio[2547]: alsa-sink.c: ALSA 提醒我们在该i
Apr 30 06:47:25 localhost pulseaudio[2547]: alsa-sink.c: 这很可能是 ALSA 驱
Apr 30 06:47:25 localhost pulseaudio[2547]: alsa-sink.c: 提醒我们设置 POLL(
Apr 30 06:47:36 localhost kernel: welcome to Hello character driver!
Apr 30 06:47:53 localhost kernel: Goodbye! Character driver is so easy!
Apr 30 06:49:48 localhost rtkit-daemon[2354]: The canary thread is apparent
Apr 30 06:49:48 localhost rtkit-daemon[2354]: Demoting known real-time thre
Apr 30 06:49:48 localhost rtkit-daemon[2354]: Demoted 0 threads.
[ root@localhost hello_driver]#
```

图 10-9　查看系统日志

10.3　驱动程序进阶 1

应用程序除了可以通过硬件设备读写数据外，还可以通过命令改变硬件设备的工作方式，比如改变一个温度监控设备的报警阈值。为了描述方便，我们把修改硬件设备某个方面功能或工作方式或其他参数统称为修改硬件属性。既然驱动程序的功能是由操作系统调用的，那么，驱动程序里应该有一个标准的接口以供修改硬件属性。实现这一标准接口的是 ioctl 函数。

ioctl 函数的格式为：

```
static int function_name(struct inode *inode, struct file *filp, unsigned int cmd, unsigned long arg)
{
    .........
    return 0;
}
```

函数的名字可以自定。其中，cmd 是应用程序传过来的修改硬件属性的命令，arg 是 cmd 附带的参数。

这次，我们在【驱动程序 10.2】的基础上增加修改硬件属性的功能。由于我们没有真正的硬件，我们以虚拟的方式执行用户命令。用户每次调用 ioctl 函数，使用 printk()打印一段提示消息，以表示命令已到达驱动程序，并已成功执行。

为了有所区分，我们把增加修改硬件属性功能后的驱动程序称为【驱动程序 10.3】。

【驱动程序 10.3】

hello_driver.c

```
1     #include <linux/module.h>
2     #include <linux/fs.h>

3     #define DEVICE_NAME "hello"

4     static int demoMajor=0;

5     static int hello_ioctl(struct inode *inode, struct file *filp, unsigned int cmd, unsigned long arg)
6     {
7         switch(cmd)
8         {
9             case 0:
```

```
10                  printk("command 0 is run!\n");
11                  break;
12              case 1:
13                  printk("command 1 is run!\n");
14                  break;
15              default:
16                  printk("not known command!\n");
17                  break;
18          }
19          return 0;
20      }

21      static struct file_operations hello_fops={
22          owner:THIS_MODULE,
23          ioctl:hello_ioctl,
24      };

25      static int __init hello_init(void)
26      {
27          demoMajor=register_chrdev(0,DEVICE_NAME,&hello_fops);
28          if (demoMajor<0)
29          {
30              printk(KERN_NOTICE DEVICE_NAME"register failure!\n");
31              return demoMajor;
32          }
33          return 0;
34      }

35      void __exit hello_exit(void)
36      {
37          if (demoMajor>0)
38              unregister_chrdev(demoMajor,DEVICE_NAME);
39      }

40      module_init(hello_init);
41      module_exit(hello_exit);

42      MODULE_LICENSE("Dual BSD/GPL");
```

程序解读：

和【驱动程序 10.2】相比，【驱动程序 10.3】在框架结构层次上只增加了一个 ioctl 函数。在这里，我们把 ioctl 函数命名为 hello_ioctl。由于没有真正的硬件，所以 ioctl 函数只是根据传过来的命令打印不同的提示信息。

既然 ioctl 函数是由操作系统调用的，那么操作系统必须知道 ioctl 函数的名字。因此，驱动程序必须向操作系统登记 ioctl 函数。与登记初始化函数和退出函数不同，登记 ioctl 函数的方法是使用 struct file_operations 类型的变量，把 ioctl 函数的名字赋值给变量的相应字段，再在适当的时候把变量提交给操作系统。

第 21～24 行定义了 struct file_operations 类型的变量 hello_fops。第 22 行表示驱动程序的属主为自己。第 23 行表示 ioctl 接口的函数为 hello_ioctl()。

驱动程序的 ioctl 功能是应用程序通过设备文件调用的。前面说过，设备文件和驱动程序之间通过设备号关联，有了 ioctl 功能后，驱动程序在加载时必须为硬件设备向操作系统申请合适的设备号，这个事情一般在初始化函数完成。第 27 行的 register_chrdev()函数向操作系统注册硬件设备。

register_chrdev()的函数原型是：

```
int register_chrdev(unsigned int major,const char *name,struct file_operations *fops);
```

register_chrdev()接受 3 个参数。第 1 个参数为主设备号，如果传入的主设备号非 0，表示由驱动程序指定主设备号；如果传入的主设备号为 0，表示主设备号由操作系统动态分配。如果自行指定主设备号，应该注意避免和其他设备的主设备号冲突。

第 2 个参数为设备的名字，是可以自定义的一个字符串。在本例中，把虚拟的设备命名为 hello。到现在为止，我们的驱动程序一共出现了三个容易混淆的名字：hello_driver.ko、hello_driver、hello。其中，hello_driver.ko 是驱动程序的文件名；hello_driver 是驱动程序加载后内核给驱动程序起的名字；hello 则是我们为驱动程序所控制的硬件设备起的名字。它们所表达的意义各不相同。

第 3 个参数即是接受一个 struct file_operations 类型变量，通过该变量，操作系统就可以知道驱动程序中 ioctl 接口的函数是哪个。其他读写接口的函数也是通过该变量来通知操作系统。

如果 register_chrdev()成功注册硬件设备，则返回硬件设备的主设备号。因为在驱动程序卸载时需要释放该主设备号，所以例子中使用了一个全局变量 demoMajor 保存该主设备号。

第 37～38 行即是如果驱动程序成功注册了硬件设备，则在卸载时注销该硬件设备，释放主设备号。

C 语言所有标识符都严格遵守先定义后使用的原则，因此，驱动程序的函数和变量的顺序有一定的讲究。hello_init()使用了 hello_fops 变量，hello_fops 变量的 ioctl 字段引用了函数名 hello_ioctl，因此，必须先定义函数 hello_ioctl()，再定义变量 hello_fops，最后定义初始化函数 hello_init()。

【驱动程序 10.3】仍然使用和【驱动程序 10.2】同样的 Makefile。执行 make 命令即可生成新的驱动程序 hello_driver.ko。

加载新的 hello_driver.ko（加载前记得先用 rmmod 命令卸载原来的版本）后，驱动程序会向操作系统注册一个名为 hello 的虚拟硬件设备。可以通过查看/proc/devices 获得该硬件的主设备号。如图 10-10 所示，操作系统为虚拟硬件设备分配的主设备号为 248。

可能有读者特别迷惑：前面说过设备号分为主设备号和次设备号，但自始至终我们只谈到主设备号，次设备号去哪了？

主设备号用来代表同类设备，是操作系统用来关联设备文件和驱动程序的纽带，应用程序读写某个设备文件，操作系统根据该设备文件的主设备号就知道应该调用哪个驱动程序。而次设备号是同类设备的编号，是供驱动程序内部使用的。我们的虚拟设备只有一个，不管传过来哪个次设备号，始终只操作一个硬件，因此，在本例中次设备号是一个可有可无的角色。

```
[root@localhost hello_driver]# insmod hello_driver.ko
[root@localhost hello_driver]# more /proc/devices
Character devices:
  1 mem
  4 /dev/vc/0
  4 tty
  4 ttyS
  5 /dev/tty
  5 /dev/console
  5 /dev/ptmx
  7 vcs
 10 misc
 13 input
 14 sound
 21 sg
 29 fb
116 alsa
128 ptm
136 pts
162 raw
180 usb
189 usb_device
202 cpu/msr
203 cpu/cpuid
248 hello
249 hidraw
```

图 10-10　查看注册的硬件设备

如果需要使用设备，就需要建立一个主设备号为 248 的设备文件和设备对应。建立设备文件的命令是 mknod。命令的格式如下：

```
mknod 设备文件名 设备类型 主设备号 次设备号
```

按照 Linux 的文件系统布局，我们在/dev 目录下建立一个名为 hello 的设备文件。由于驱动程序没有使用到次设备号，所以建立设备文件时，次设备号的值并不重要，可以取有效范围内的任意值，本次取 0，如图 10-11 所示。

```
[root@localhost hello_driver]# cd /dev
[root@localhost dev]# mknod hello c 248 0
[root@localhost dev]# ll hello
crw-r--r--. 1 root root 248, 0 4月  29 17:57 hello
[root@localhost dev]#
```

图 10-11　创建设备文件

需要大家注意的是，我们把设备文件命名为 hello，和设备同名，只是为了方便管理。事实上，设备文件和设备的关联是通过设备号实现的，设备文件可以是任意名字，一个设备还可以有多个设备文件。

有了设备文件，就可以通过设备文件调用驱动程序来控制硬件。下面我们写一个简单的应用程序测试硬件（实际上是测试驱动程序）。

10.4　测试程序

必须通过普通的应用程序才能调用 ioctl 接口修改硬件属性，因此，需要编写一个普通的应用程序来测试以前的驱动程序。

应用程序的开发与运行和驱动程序源码没有任何关系，为了清楚地表明这一点，我们把应用程序保存在 Linux-C 目录，命名为 testHelloDevice.c。

【程序 10.4】

testHelloDevice.c

```
1	#include <stdio.h>
2	#include <stdlib.h>
3	#include <fcntl.h>

4	#define DEVICE_FILE "/dev/hello"

5	int main()
6	{
7	    int fd,cmd;
8	    fd=open("/dev/hello",O_RDWR);
9	    if (fd<=0)
10	      {
11	          perror(DEVICE_FILE);
12	              exit(EXIT_FAILURE);
13	      }

14	for (cmd=0;cmd<=4;cmd++)
15	{
16	    sleep(1);
17	    ioctl(fd,cmd,NULL);
18	}

19	    close(fd);
20	    return EXIT_SUCCESS;
21	}
```

程序解读：

这个程序很简单，一共只有三个动作：打开设备文件/dev/hello，使用 ioctl 修改硬件属性，关闭设备文件。

由于设备文件绑定了设备号，打开设备文件，应用程序就和设备文件对应的驱动程序建立了联系，也就和硬件设备建立了联系。

第 17 行通过 ioctl()函数修改硬件的属性，ioctl()接收三个参数：文件句柄、命令、附带参数。通过文件句柄使用设备文件，把命令和附带参数传给相应驱动程序的 ioctl 接口函数。由于【驱动程序 10.3】中的 hello_ioctl()函数不需要附带参数，所以附带参数位置传入 NULL。

编译运行该程序，使用 dmesg | tail 查看最新的系统信息，即可看到驱动程序的 hello_ioctl()函数中的 printk()打印的字符串，如图 10-12 所示。

查看系统日志文件，也有可能看到驱动程序的 hello_ioctl()函数中的 printk()打印的消息，如图 10-13 所示。

通过以上例子，读者朋友了解了字符型驱动程序的框架结构，定义了 ioctl 接口，并编写应用程序测试了驱动程序。一个完整的驱动程序至少还应该有读和写接口，但考虑到篇幅长短和一个人学习的规律，我们把这个读写接口独立成新的一章。

```
[root@localhost Linux-C]# ./testHelloDevice
[root@localhost Linux-C]# dmesg | tail
lo: Disabled Privacy Extensions
SELinux: initialized (dev proc, type proc), uses genfs_con
fuse init (API version 7.14)
SELinux: initialized (dev fuse, type fuse), uses genfs_con
welcome to Hello character driver!
Goodbye! Character driver is so easy!
command 0 is run!
command 1 is run!
not known command!
not known command!
[root@localhost Linux-C]#
```

图 10-12　修改硬件属性效果

```
[root@localhost Linux-C]# gcc -o testHelloDevice testHelloDevice.c
[root@localhost Linux-C]# ./testHelloDevice
[root@localhost Linux-C]# tail /var/log/messages
Apr 29 18:22:18 localhost kernel: sdb: sdb1
Apr 29 18:22:18 localhost kernel: sd 5:0:0:0: [sdb] Assuming drive
Apr 29 18:22:18 localhost kernel: sd 5:0:0:0: [sdb] Attached SCSI
Apr 29 18:22:56 localhost gnome-keyring-daemon[2419]: removing rem
Apr 29 18:22:56 localhost gnome-keyring-daemon[2419]: no volume re
Apr 29 18:22:58 localhost kernel: usb 1-1: USB disconnect, device
Apr 29 19:02:44 localhost kernel: command 0 is run!
Apr 29 19:02:45 localhost kernel: command 1 is run!
Apr 29 19:02:47 localhost kernel: not known command!
Apr 29 19:02:48 localhost kernel: not known command!
[root@localhost Linux-C]#
```

图 10-13　修改硬件属性效果

小结

驱动程序是操作系统和硬件设备之间的纽带，是应用程序使用硬件设备的前提和基础，是固定的框架结构和接口。本章介绍了驱动程序的基本概念，并初步实现了能加载、卸载和修改硬件属性的最简单的驱动程序。

思考与练习

1．什么是驱动程序，它和普通的应用程序有什么联系和区别？
2．设备文件怎么和硬件设备关联起来？
3．查找相关资料，了解 GPL 协议。

第 11 章　驱动程序进阶 2

上一章实现了一个简单的字符型驱动程序，驱动程序只实现了 3 个接口（函数）：初始化接口、退出接口和修改硬件属性接口。在日常的应用中，对硬件设备的使用除了修改硬件属性外，更多的是需要从硬件设备中获得数据，比如读取一个温度监控设备的当前温度值，发送数据给设备，调节一个电机的转速。因此，一个实用的驱动程序，至少还应该具备读和写接口。有了读写接口，应用程序就可以通过设备文件和硬件设备交换数据。

本章在上一章的【驱动程序 10.3】的基础上，增加了驱动程序的读写接口，并且编写应用程序测试驱动程序。驱动程序仍然基于虚拟的硬件。

11.1　具备读写接口的驱动程序

所谓“读”是指应用程序从硬件设备获得数据，数据的流向是从硬件设备经过驱动程序、操作系统、设备文件到应用程序；所谓“写”是和读相反的操作，是应用程序把数据发送给硬件设备，数据的流向是应用程序把数据写入设备文件，操作系统从设备文件获得数据，交给驱动程序，最后到达硬件设备。读和写的数据流向如图 11-1 所示。

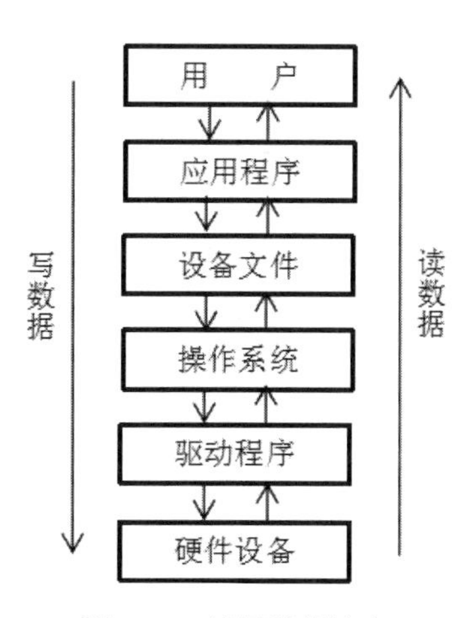

图 11-1　读写数据流向

驱动程序的读写接口和修改属性接口一样，通过 struct file_operations 类型变量在注册硬件设备时提交给操作系统。

读接口的格式是：

```
static ssize_t read_func_name(struct file *filp, char *buffer,size_t count,loff_t *ppos)
{
    .........
    return count;
}
```

写接口的格式是：

```
static ssize_t write_func_name(struct file *filp,const char *buffer,size_t count,loff_t *ppos)
{
    .........
    return count;
}
```

在解释这两个接口之前，先来认识几个大家看着眼晕的数据类型：ssize_t、size_t、loff_t。这些数据类型都不是 C 语言的基本数据类型，而是从基本类型定义出来的别名。因为不同的硬件平台和操作系统平台在某些地方对数据的取值范围有不同的要求，为了适应这一点，C 语言根据平台的特点以基本数据类型为基础定义了新的数据类型，比如 size_t 的本质是一个整数，但在不同的平台上，有可能是 int，也有可能是 long int。ssize_t、loff_t 也是同样的情况，本质是一个整数，在不同的平台可能有不同的位长。

在本书所使用的 32 位 CentOS 6.7 中，size_t、ssize_t 和 loff_t 是这样定义的：

```
#define   __SIZE_TYPE__   long   unsigned   int
......
typedef   __SIZE_TYPE__   size_t;
......
typedef   long   ssize_t;

typedef   long   long   __kernel_loff_t;
......
typedef   __kernel_loff_t   loff_t;
```

理解了 ssize_t、size_t 和 loff_t，大家再遇到类似的数据类型就大概明白了。

读接口和写接口的格式大同小异，都接受 4 个参数，第 1 个参数是设备文件的 file 结构指针，第 2 个参数是用户数据缓冲区，对于读接口，第 3 个参数是用户缓冲区的大小；对于写接口，第 3 个参数是用户缓冲区中的数据量，第 4 个参数是本次文件读写的起始位置。这两个接口都返回一个 ssize_t 数据，一般情况下，都是返回真正读写的数据量。写接口第 2 个参数前面多了个 const，const 是常量的意思，用在参数中表示该参数只可读，不可修改。因为写操作是应用程序把数据写入硬件设备，所以不应该改变用户数据，故而，在用户数据缓冲区前面加上 const 修饰符。

驱动程序运行于内核空间，应用程序运行于用户空间，两个空间之间不能直接复制数据，需要使用两个专门的内核函数 copy_to_user()和 copy_from_user()。copy_to_user()把内核中的数据复制到用户空间，copy_from_user()则反过来把数据从用户空间复制到内核。两个函数的原型如下：

```
unsigned long copy_to_user(void *to,const void *from,unsigned long count);
unsigned long copy_from_user(void *to,const void *from,unsigned long count);
```

返回值为实际传递的数据量，如果小于 0，则表示出错。

了解了读写操作的基本概念和读写接口的基本知识后，下面我们来编写一个具有读写接口的驱动程序。本驱动程序基于【驱动程序 10.3】进行扩展，在【驱动程序 10.3】的基础上增加了读写数据的接口。驱动程序仍然基于虚拟的硬件设备。硬件设备可以返回两种格式的数据：一种是全小写的固定字符串；另一种是全大写的固定字符串。在默认情况下，硬件设备返回小写格式的固定字符串，但应用程序可以通过修改硬件属性改变返回的数据格式。如果用户向硬件设备写入数据，驱动程序则使用 printk()把数据写入到系统消息中。

【驱动程序 11.1】

hello_driver.c

```
1	#include <linux/module.h>
2	#include <linux/fs.h>
3	#include <linux/poll.h>
4	#include <linux/string.h>

5	#define DEVICE_NAME "hello"
6	static char drv_buff[6]="abcde";
7	static char data_from_user[1024];
8	static unsigned char data_format=0;

9	static int demoMajor=0;

10	static int hello_ioctl(struct inode *inode, struct file *filp, unsigned int cmd, unsigned long arg)
11	{
12	    switch(cmd)
13	    {
14	        case 0:
15	            if (data_format!=0)
16	            {
17	                data_format=0;
18	                strcpy(drv_buff,"abcde");
19	            }
20	            break;
21	        case 1:
22	            if (data_format!=1)
23	            {
24	                data_format=1;
25	                strcpy(drv_buff,"ABCDE");
26	            }
27	            break;
28	        default:
29	            break;
30	    }
31	    return 0;
32	}

33	static ssize_t hello_read(struct file *filp,char *buffer,size_t count,loff_t *ppos)
34	{
35	    int real_count,i;
36	    real_count=sizeof(drv_buff);
37	    i=copy_to_user(buffer,drv_buff,real_count);
38	    if (i<0)
39	        printk("copy_to_user() failure!\n");
```

```
40          return (ssize_t)real_count;
41      }

42      static ssize_t hello_write(struct file *filp,const char *buffer,size_t count,loff_t *ppos)
43      {
44          int i;
45          memset(data_from_user,'\0',sizeof(data_from_user));
46          i=copy_from_user(data_from_user,buffer,count);
47          if (i<0)
48              printk("copy_from_user() failure!\n");
49          printk(data_from_user);
50          return (ssize_t)count;
51      }


52      static struct file_operations hello_fops={
53          owner:THIS_MODULE,
54          ioctl:hello_ioctl,
55          read:hello_read,
56          write:hello_write,
57      };

58      static int __init hello_init(void)
59      {
60          demoMajor=register_chrdev(0,DEVICE_NAME,&hello_fops);
61          if (demoMajor<0)
62          {
63              printk(KERN_NOTICE DEVICE_NAME"register failure!\n");
64              return demoMajor;
65          }
66          return 0;
67      }

68      void __exit hello_exit(void)
69      {
70          if (demoMajor>0)
71              unregister_chrdev(demoMajor,DEVICE_NAME);
72      }

73      module_init(hello_init);
74      module_exit(hello_exit);

75      MODULE_LICENSE("Dual BSD/GPL");
```

程序解读：

为了和应用程序交换数据，驱动程序定义了几个全局静态变量，其中，drv_buff 保存虚拟硬件返回给应用程序的字符串；data_from_user 用于接收应用程序发送给虚拟硬件的字符串数据；data_format 是虚拟硬件返回给应用程序的字符串的格式标志。

驱动程序一共有 5 个函数：hello_ioctl()、hello_read()、hello_write()、hello_init()和 hello_exit()。前面已经对 hello_ioctl()、hello_init()和 hello_exit()有所了解，特别是 hello_init()和 hello_exit()和【驱动程序 10.3】并无二致。在这里，hello_ioctl()的作用是根据应用程序传过来的命令改变返回给应用程序的字符串的格式。如果应用程序发送命令 0，则读数据时得到小写的固定字符串；如果应用程序发送命令 1，则读数据时得到大写的固定字符串。因为返回给应用程序的数据事先记录在字符数组 drv_buff 中，所以 hello_ioctl()实际上是根据传过来的命令改变 drv_buff 中的字符串。从 drv_buff 和 data_format 的定义可以看出，在默认情况下，返回给应用程序的字符串是小写格式。

hello_read()和 hello_write()分别是读接口和写接口的实现函数，在 hello_read()中，使用内核函数 copy_to_user()把 drv_buff 中的字符串复制到用户数据缓冲区 buffer 中。在 hello_write()中则正好相反，使用内核函数 copy_to_user()把用户数据缓冲区 buffer 中的字符串复制到 data_from_user 中，同时再把字符串使用 printk()打印到系统消息缓冲区。

和 ioctl 接口一样，驱动程序的读接口实现函数和写接口实现函数也要通过 static struct file_operations 类型变量的相关字段，在注册设备时提交给操作系统以方便操作系统调用。

由于读者已经对驱动程序有了一定的认识，所以此处不再逐条语句地讲解。

使用和【驱动程序 10.3】同样的 Makefile 编译成驱动程序模块 hello_driver.ko，在加载新的驱动程序前记得先卸载旧版本。在系统硬件没有大改变的情况下，每次加载驱动程序动态获得的主设备号一般不会改变。如果主设备号不变，则在【驱动程序 10.3】中建立的设备文件/dev/hello 仍然可用；如果主设备号已变，则删除旧版本的/dev/hello，以新的主设备号重建同名文件。

接下来，我们修改【程序 10.4】的应用程序 testHelloDevice.c 用来测试新版的驱动程序。

11.2　测试程序

测试程序是在【程序 10.4】的测试程序 testHelloDevice.c 的基础上改进而来，将完成以下工作：

（1）默认情况下读硬件的数据。

（2）向硬件发送修改属性命令 1 后，读硬件数据。

（3）向硬件发送修改属性命令 0 后，读硬件数据。

（4）向硬件发送字符串 I love Linux!。

【程序 11.2】

testHelloDevice.c

```
1        #include <stdio.h>
2        #include <stdlib.h>
3        #include <fcntl.h>
4        #include <string.h>

5        #define DEVICE_FILE "/dev/hello"
6        #define BUFFER_SIZE 1024
```

```
7          int main()
8          {
9              int fd;
10             char buff[BUFFER_SIZE];
11             fd=open("/dev/hello",O_RDWR);
12             if (fd<=0)
13              {
14                 perror(DEVICE_FILE);
15                     exit(EXIT_FAILURE);
16              }

17             //读硬件设备默认状态下的数据
18             sleep(1);
19             memset(buff, '\0', BUFFER_SIZE);
20             read(fd, buff, BUFFER_SIZE);
21             printf("read a default string: %s\n", buff);


22             //发送修改硬件属性的命令 1
23             sleep(1);
24             ioctl(fd,1,NULL);

25             //读命令 1 后硬件设备的数据
26             memset(buff,'\0',BUFFER_SIZE);
27             read(fd,buff,BUFFER_SIZE);
28             printf("read a string after cmd 1: %s\n",buff);


29             //发送修改硬件属性的命令 1
30             sleep(1);
31             ioctl(fd,0,NULL);

32             //读命令 0 后硬件设备的数据
33             memset(buff,'\0',BUFFER_SIZE);
34             read(fd,buff,BUFFER_SIZE);
35             printf("read a string after cmd 0: %s\n",buff);


36             //往硬件设备写入字符串：I Love Linux!
37             memset(buff,'\0',BUFFER_SIZE);
38             strcpy(buff,"I love Linux!");
39             printf("write string \"%s\" to the device\n");
40             write(fd,buff,strlen(buff));

41             close(fd);
42             return EXIT_SUCCESS;
43         }
```

除了增加了读写操作之外，程序与【程序 10.3】并无太大的区别。由于不难理解，在此就不再进行详细的解读。

如图 11-2 所示，编译运行该程序，可在屏幕上看到各种状态下硬件设备返回的字符串，查看系统信息缓冲区，可看到应用程序写入硬件设备的字符串。

```
[root@localhost Linux-C]# gcc -o testHelloDevice testHelloDevice.c
[root@localhost Linux-C]# ./testHelloDevice
read a default string: abcde
read a string after cmd 1: ABCDE
read a string after cmd 0: abcde
write string "I love Linux!" to the device
[root@localhost Linux-C]# dmesg | tail
SELinux: initialized (dev proc, type proc), uses genfs_contexts
fuse init (API version 7.14)
SELinux: initialized (dev fuse, type fuse), uses genfs_contexts
welcome to Hello character driver!
Goodbye! Character driver is so easy!
command 0 is run!
command 1 is run!
not known command!
not known command!
I love Linux!
[root@localhost Linux-C]#
```

图 11-2　测试结果

小结

通过以上例子，读者可以大概了解到一个实用的字符型驱动程序的编写方法，并且了解了应用程序、设备文件、操作系统、驱动程序和硬件设备之间的关系。驱动程序除了读写接口外，还可以有其他接口（比如 lseek 接口）。有了前面的基础，大家在编写实际的驱动程序时，只需要把实际的代码填入相应的地方即可。关于驱动程序更详尽的知识，大家可以查阅相关资料和书籍。

思考与练习

1. 应用程序向硬件设备读和写数据时数据的流向分别是什么？
2. 编写一个简单的程序，测试 size_t、ssize_t、loff_t 等数据类型的长度。
3. 查找资料，看看除了学习过的接口外，驱动程序是否还可以有其他接口？
4. 查找关于块驱动程序的相关资料，编写一个基于虚拟块设备的驱动程序。

第 12 章　嵌入式 Linux 开发基础

前面章节的所有例子均在 PC Linux 上完成。实际上，当不涉及特定硬件时，嵌入式 Linux 和 PC Linux 在系统结构和使用上并无二致，前面所讲述的所有知识均为嵌入式 Linux 开发的知识，只不过借用了 PC Linux 作为实验平台。

但嵌入式系统之所以被称为嵌入式系统，是因为相对 PC，嵌入式系统有其独特性。首先，嵌入式系统所采用的底层硬件与 PC 有较大的差异；然后，嵌入式系统的可用资源远不能与 PC 比肩，无论从 CPU 的性能、内存的大小还是外存的大小，以及其他各个方面都与 PC 相差甚远；最后，嵌入式系统所连接的设备、完成的工作也与 PC 不同。

由于这些独特性，导致嵌入式 Linux 开发与 PC Linux 开发在方法、流程、手段上都有所不同。因此，在真正地让程序运行在嵌入式 Linux 上之前，有必要先来了解一下嵌入式 Linux 开发的一些基础知识。

12.1　嵌入式系统结构特点

嵌入式系统本质上是一个计算机系统，所以和大多数通用计算机系统类似，由硬件和软件两大部分构成。硬件主要包括中央处理单元（CPU）、ROM、RAM、外存、相关的接口和外设等，是嵌入式系统软件运行的基础；软件是嵌入式系统的具体应用实现部分，主要包括嵌入式操作系统和应用程序。嵌入式系统的体系结构如图 12-1 所示。

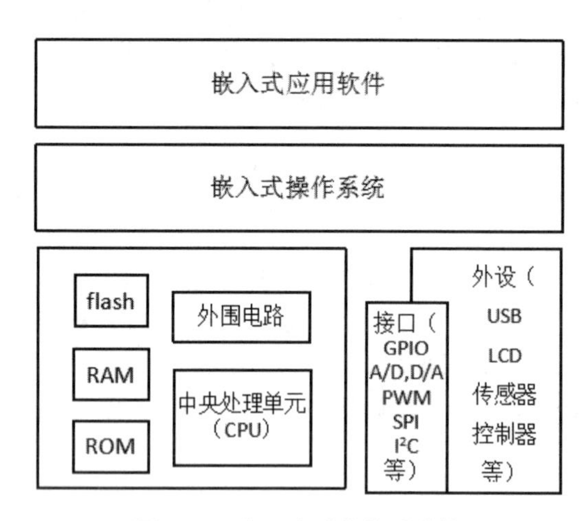

图 12-1　嵌入式系统体系结构

正如第 1 章所说，嵌入式系统不是独立存在的个体，而是嵌入到其他设备或机器中，帮助控制或部分控制设备与机器，实现设备或机器的自动化、智能化或效率最优化等目的。由于工作环境、条件和要求不同，所以，嵌入式系统在软硬件结构和选型上与通用的计算机系统有着不同之处，如：

（1）由于嵌入式系统植入到母体（被嵌入式系统植入的设备或机器）中，为了不影响母体的结构和使用，要求嵌入式系统的体积足够小，会把一些不必要的功能硬件（模块）裁剪掉。大多数时候，嵌入式系统没有通用计算机系统常见的键盘、鼠标、显示器等输入输出设备。很多时候，嵌入式系统可能也没有通用的显示接口、串口等接口，但可能有其他类型的接口，比如 GPIO、PWM。

（2）有些母体是电池供电式设备，由此对嵌入式系统的功耗提出了比较高的要求。为了保证母体的持续工作时间，要求嵌入式系统的功耗起小越好。

（3）受限于体积和功耗以及其他因素，同样功能的部件，嵌入式系统可能在硬件选型上和通用计算机系统有明显的区别。比如外部存储设备，通用计算机通常使用硬盘，而嵌入式系统更趋向于使用 flash 芯片；对于作为人机交互的输入设备，通用计算机通常使用物理键盘，而嵌入式系统更多地使用 RFID 卡或者软键盘等。

（4）对于一些低价格的商品性母体，对嵌入式系统的成本有严格要求。

（5）一般来说，嵌入式系统是一个专用系统，用于处理一些实时性要求比较高的监测、控制等任务，不太可能处理一些要求复杂数据计算或者图像处理类任务。加上在体积、功耗、成本方面受到的限制，嵌入式系统在大多数情况下会在性能上有所妥协，比如在运算速度、内外存大小、接口数量和速率上都较通用计算机系统有所降低。

（6）嵌入式系统由于硬件的限制，为了保证系统的正常运行和必要的性能，在软件上亦会有所裁剪，会把不必要的功能软件（模块）去掉，只保留必要的软件（模块）。因此，同是操作系统 Linux，有些功能在 PC 上有，在嵌入式系统中可能没有。在嵌入式系统中开发应用软件，要高度注意代码的精简度和效率。

12.2　嵌入式系统所采用的处理器（CPU）

中央处理器（CPU）是计算机硬件系统的核心硬件，是整个计算机系统的基础。受到体积、功耗、成本、可靠性以及其他因素的限制，嵌入式系统通常采用和通用计算机系统不一样的中央处理器。

这里所说的不一样，不单是指品牌、型号和性能上的差别，更是指底层结构上的差别。PC 系统中的中央处理器，有 Intel 和 AMD，包括众多的型号，各自有不同的性能，但是，它们有着同样的指令系统和二进制代码，它们是完全兼容的。同样的程序，既可以在 Intel CPU 上运行，也可以在 AMD CPU 上运行。嵌入式系统采用的中央处理器的指令系统和二进制代码与通用计算机系统采用的中央处理器的指令系统和二进制代码完全不同，它们之间互不兼容。PC 上的程序不能被嵌入式系统识别。

即使同是嵌入式系统，两个不同的系统的中央处理器亦有可能存在不兼容的现象。与传统的通用计算机行业不同，嵌入式系统行业是一个充分竞争的行业，充满了创新和机遇。因此，与 PC 行业的中央处理器由两大寡头把持的形势不同，嵌入式系统的中央处理器生产厂家众多，技术和结构各自不同。

目前占有一定市场份额的嵌入式系统中央处理器有 ARM、Hitachi H8300、MIPS、Matsushita AM3x、Motorola 68k、PowerPC、SuperH、SPARC 和 NEC V8xx 系列等。在这众多的系列中，最受市场欢迎，同时占有绝大部分市场份额的是 ARM 系列。作为一个嵌入式系统开发人员，有必要了解一下 ARM 系列嵌入式中央处理器。

在了解 ARM 之前，先认识中央处理器的技术分类 CISC 和 RISC。

所谓的 CISC 是指复杂指令集计算机（Complex Instruction Set Computer），是中央处理器的一种设计思想，设计尽可能多的机器语言指令来完成常规的计算任务。打个比方，计算机经常要处理整数乘法计算 r=a*b，于是 CISC 中央处理器设计了一条专门的乘法指令 MUL a b。大家都觉得如果中央处理器的指令越多、越全，软件设计的复杂度就越低。由于事实上也是这样，所以早期的中央处理器全部是 CISC 架构。

但是，凡事都是具有两面性的。CISC 架构在降低软件复杂度的同时，增加了中央处理器硬件的复杂度。而且，在使用过程中人们逐渐发现，在众多的指令中经常被使用的指令只有大约 20%，余下的 80%的指令只是偶尔被用到，造成了硬件资源的极大浪费。于是 RISC 的中央处理器设计思想于 1979 年被美国加州大学伯克利分校提出。

RISC 的意思是精简指令集计算机（Reduced Instruction Set Computer），其中心思想是中央处理器使用尽可能少的机器语言指令来完成所有的工作。同样以上面的整数乘法运算 r=a*b 来理解 RISC。在 RISC 中，可能不存在乘法指令，当遇到需要计算 r=a*b 这样的任务时，必须在软件上使用加法来实现，把 a 累加 b 次，或者把 b 累加 a 次即可得到 a*b 的结果 r。

可以看到，由于缺少了某些指令，同样的任务，在 RISC 中需要使用更多的指令来完成。但是，由于 RISC 的指令要比 CISC 少，带来的好处是硬件复杂度降低了，进一步的好处是中央处理器的内核可以设计得更小、功耗更低、成本也更低。这些好处正是嵌入式中央处理器所追求的目标，于是 ARM 系列中央处理器全部采用 RISC 架构。

ARM 公司 1991 年成立于英国剑桥，是微中央处理器行业的一家知名企业，设计了大量高性能、廉价、耗能低的 RISC 处理器，相关技术和软件。发展到今天，ARM 公司的总部位于英国剑桥，在全球设立了多个办事处，其中包括比利时、法国、印度、瑞典和美国的设计中心，共拥有 1700 多名员工。ARM 微处理器适用于多种领域，比如嵌入控制、消费/教育类多媒体、DSP 和移动式应用等。

ARM 公司开发了很多系列的中央处理器，最新的已经是 ARM11，目前应用广泛的是 ARM7、ARM9、ARM9E、ARM10E、ARM11、SecurCore 以及 Cortex 等。每个系列都提供一些特定的性能来满足特定应用对性能、功能和体积的要求。

有意思的是，ARM 公司并不生产芯片，只是一家知识产权（IP）供应商，它设计中央处理器的内核，把技术授权给全世界的合作厂商并提供服务，合作厂商中包括很多著名的半导体、软件和 OEM 厂商。授权厂商根据不同的应用领域，在 ARM 内核的基础上加上适当的外围电路，生产出具体的产品并投放市场。

所以说，ARM 既可以认为是一个公司的名字，也可以认为是对 RISC 微处理器的通称，还可以认为是一种嵌入式技术的名字。

由于 ARM 公司自己不生产芯片，省去了巨额的 IC 制造成本，可以专注于内核设计本身。所以，ARM 系列处理器性能卓越，加上 ARM 独特的市场运作方式，使用 ARM 系列处理器迅速占领了绝大部分的市场份额，成为嵌入式系统领域最主要的微处理器。

本书后续章节使用由台湾凌阳科技股份有限公司生产的学习型嵌入式 Linux 系统实验箱作为实验平台，其主机板采用的中央处理器即是三星生产的 ARM Cortex-A8 处理器 S5PV210。

12.3　凌阳实验箱简介

凌阳科技股份有限公司（Sunplus）是一家全球知名的消费性 IC 设计公司，于 1990 年在台湾新竹科学园区创立，在上海、深圳、成都等地都设有分公司，提供给客户完善的系统支持和技术服务。伴随物联网技术风靡全球的热潮以及物联网相关专业在各大院校全面铺开的趋势，凌阳科技股份有限公司为物联网专业的教育、学习开发了多款教学平台型产品。本书后续章节使用的矩阵式物联网实验箱 SP-MAXCE15A（下简称实验箱）即是其中一款。

实验箱是一个以嵌入式网关为中心的异构式实验箱，可以学习、研究不同网络在物联网中的应用。实验箱的构成主要有：一块以 ARM Cortex-A8 为核心的嵌入式开发板、采用各种不同的数据通信技术和开发板连接的众多实验性应用模块，其中包括 RFID、ZigBee、IPv6、BLE4.0、WiFi、GPRS 等。由于嵌入式开发板是整个实验箱的控制中心，所以被称为网关。

实验箱的实物如图 12-2 所示。

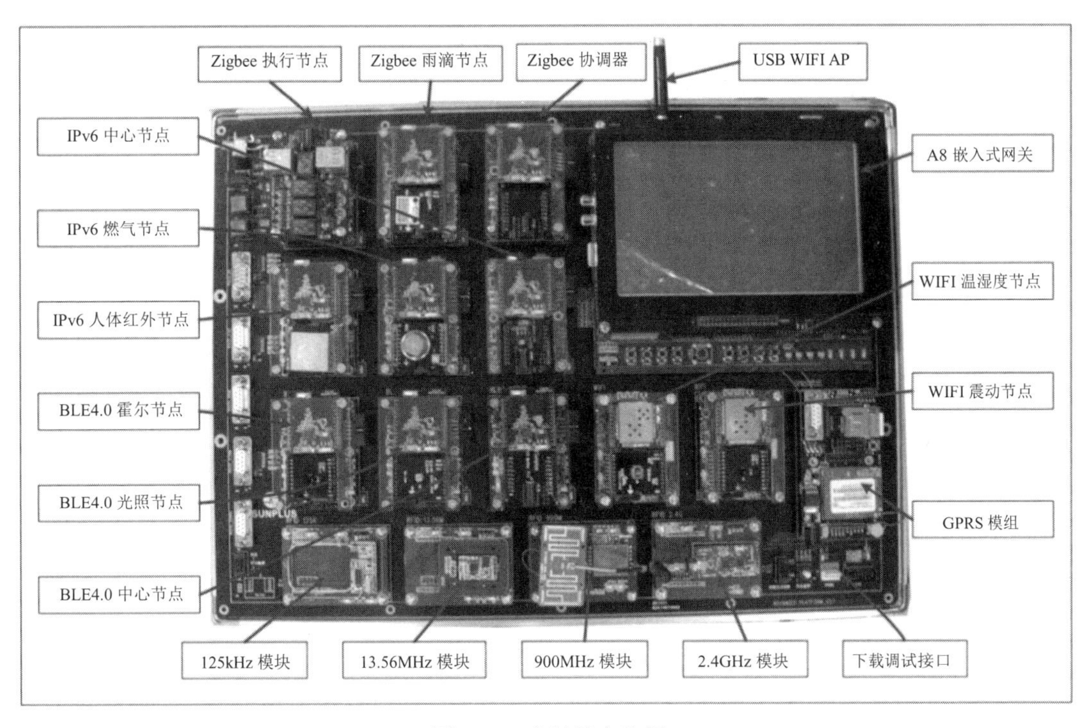

图 12-2　实验箱实物图

网关是一个附带了一个 8 英寸的液晶触摸屏的嵌入式系统开发板，中央处理器采用三星生产的 ARM Cortex-A8，具体型号为 S5PV210。ARM Cortex-A8 处理器是 ARM 第一款基于 ARMv7 架构的应用处理器，并且是有史以来 ARM 开发的性能极高、最具功率效率的处理器，工作频率可在 600MHz～1GHz 的范围内调节，能够满足那些需要工作在 300mW 以下的功耗优化的嵌入式系统的要求，以及满足那些需要 2000 Dhrystone MIPS 的性能优化的消费类应用的要求。

网关开发板的实物如图 12-3 所示。

图 12-3　嵌入式网关开发板实物图

网关作为一个开发板，集成了嵌入式系统常用的接口，其中包括 1 组 RS232 串口、2 组全功能 TTL UART 接口、2X8 位的 GPIO 口、2XSPI 总线接口、1 个由 PWM 控制的蜂鸣器、1 组 IIC（I^2C）总线接口、1 组连接着热敏电阻的 A/D 接口，以及其他一些常用接口。在人机交互方面，网关集成了 1 块可用于运行图形界面应用程序的 8 寸触摸屏、可用作输入设备的 3×3 按键键盘、可模拟实际应用中的输出指示的 4 个可编程亮度的彩色 LED 以及 4 个开关型 LED。网关采用开源的 Linux 2.6 作为操作系统，因而，网关是学习嵌入式 Linux 开发的一个很好的实验平台。后续章节中的实验主要在网关上展开，兼顾其中某些节点。

12.4　交叉编译

如第 3 章所述，我们将为某个应用使用 C、C++、C#等高级语言编写出来的代码称为源程序。实际上，C、C++、C#等高级程序设计语言是按照人的思维习惯设计出来的伪计算机指令，计算机硬件本身并不能识别这种指令。因此，源程序需要经过编译器编译成二进制代码，再链接必要的资源，才能形成最终的可执行程序。

开发一个应用程序的完整步骤如图 12-4 所示。

其中，测试和调试步骤是为了发现程序中的逻辑错误，在此不予讨论。为了方便下面的讲解，我们把完整步骤精简一下，得到如图 12-5 所示的开发一个应用程序的基本步骤。

开发 PC 上的应用程序时，一般都是直接在 PC 上安装开发环境，在开发环境中完成编码、编译以及链接步骤，得到应用程序。得到的应用程序也是在开发环境所在的主机（或者说和开发环境所在主机兼容的主机）上运行。这样一种开发和运行都在同一（类）主机上的开发方式叫作本地编译（如图 12-6 所示）。

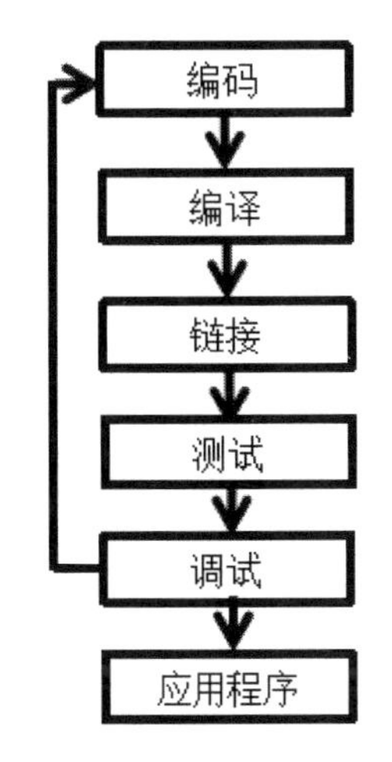

图 12-4　开发应用程序的完整步骤

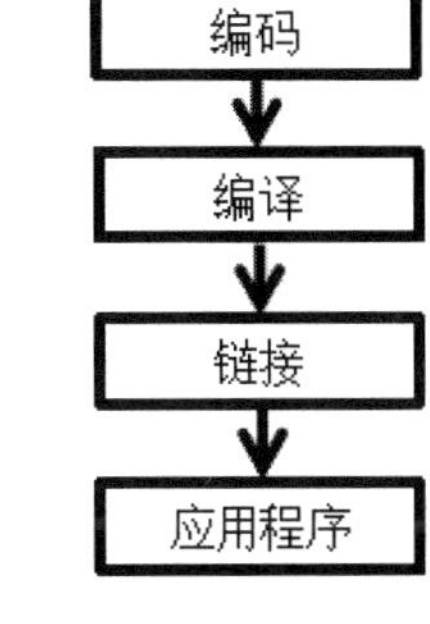

图 12-5　开发应用程序的基本步骤

由于嵌入式系统受到成本、体积、功耗等诸多因素的限制，可用的资源都比较有限（这里所指的资源包括硬件、软件两方面的资源，比如操作系统有无图形接口、CPU 性能、内存大小、有无键盘鼠标等），所以在嵌入式系统上直接安装开发环境显然是不现实的。为了让读者更好地理解这一点，我们举个例子，比如一个嵌入式系统被安装在一台机器的内部用来实现简单的温度监控。为了实现这个温度监控功能，同时考虑到体积、功耗的限制，该嵌入式系统的人机交互接口可能只有简单的几个设置用的按钮和一小块 2 英寸的液晶显示屏，CPU 只是单核、500MHz 主频，内存可能只有 128MB，甚至更小，在这么一个系统上直接开发应用程序显然是天方夜谭。由于嵌入式系统没有足够的资源在其上运行开发环境，常用的解决办法是先在通用计算机上进行应用程序源代码的编写、编译（包括链接），然后将编译好的应用程序复制到嵌入式系统上运行。这样的一种开发方式就叫作交叉编译，如图 12-7 所示。

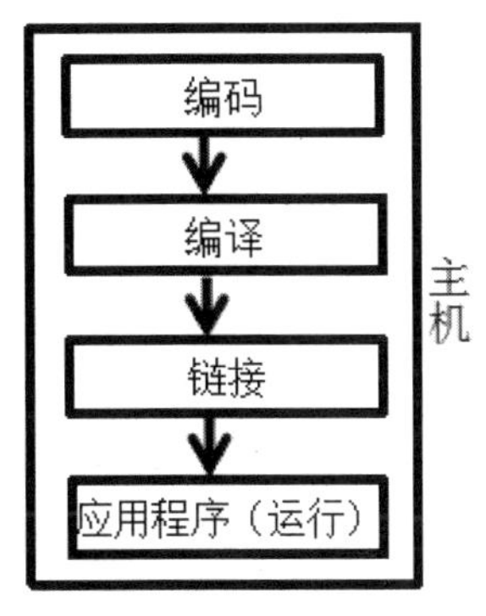

图 12-6　本地编译

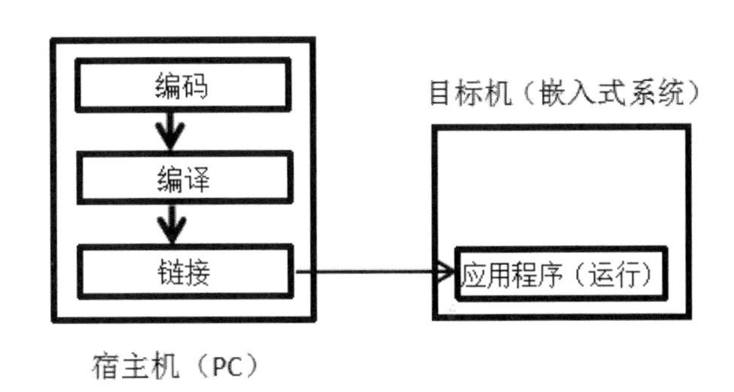

图 12-7　交叉编译

在交叉编译中，开发所用的主机称为宿主机，一般使用 PC；运行程序的嵌入式系统称为目标机（目标板）。

宿主机和目标机通常不是同种类的硬件，显然，传统的编译工具编译出来的应用程序不可能在目标机上运行。因此，交叉编译需要专门的编译工具——交叉编译工具。在 PC Linux

上开发 ARM 平台的嵌入式 Linux 应用程序，最常用的交叉编译工具是 arm-linux-gcc。

下面介绍在 CentOS 6.7 上安装和配置 arm-linux-gcc 的步骤和方法。

12.5 交叉编译工具 arm-linux-gcc 的安装和配置

从名字上就可以看出，arm-linux-gcc 是针对 ARM 平台 Linux 操作系统的交叉编译工具。arm-linux-gcc 是开源软件，可以在网络上好多地方找到其踪影。ARM 官方推荐的下载地址为：http://www.codesourcery.com/gnu_toolchains/arm/download.html。但是这个地址是纯英文的网页，读者朋友可能不太习惯。国内比较方便的下载网站是友善之臂的官方网站 http://www.arm9.net/download.asp，下载页面提供了两个版本的 arm-linux-gcc，如图 12-8 所示。

```
Linux
• ARM-Linux GCC 4.4.3 - [2010-08-17]符合EABI标准的交叉编译器，彻底解决编译Qtopia2/Qt4时出现的"Segmentation Fault"问题
• ARM-Linux GCC 4.3.2 - [2009-04-29]早期版本的交叉编译器
```

图 12-8　下载合适的版本

大家应该注意的是，即使同是 ARM 平台，不同的操作系统（或裸机）甚至同一操作系统的不同版本内核，对交叉编译器的要求也各不相同，因而下载时需要选择合适的版本。这里我们选择 4.4.3。

下载下来的是一个用 gzip 格式压缩的名为 arm-linux-gcc-4.4.3-20100728.tar.gz 的 tar 文件包。把文件包放置到 root 用户的 home 目录/root，如图 12-9 所示。

```
[root@localhost ~]# pwd
/root
[root@localhost ~]# ls
anaconda-ks.cfg                    csmartindent.gedit-plugin
arm-linux-gcc-4.4.3-20100728.tar.gz  csmartindent.py
[root@localhost ~]# █
```

图 12-9　把文件包放置到 home 目录

使用带-z 参数的 tar 命令把文件包还原到原来位置/opt，从图 12-10 中可以看到，还原后/opt 下新生成了 FriendlyARM 目录。

```
#tar  -zxvf  arm-linux-gcc-4.4.3-20100728.tar.gz  -C  /
```

```
[root@localhost ~]# ll /opt
总用量 8
drwxr-xr-x. 3 root root 4096 4月  30 13:19 FriendlyARM
drwxr-xr-x. 2 root root 4096 3月  26 2015 rh
[root@localhost ~]# █
```

图 12-10　arm-linux-gcc 被还原到/opt 目录

为了在任何地方都能使用 arm-linux-gcc，编辑~/.bashrc 脚本，在其中加入 arm-linux-gcc 的执行路径。

```
#vi  ~/.bashrc
```

在文件的最后加上一行：

```
export  PATH=$PATH:/opt/FriendlyARM/toolschain/4.4.3/bin
```

修改后的.bashrc 如图 12-11 所示。其中，第 14 行是对增加的内容所做的注释，给修改的内容加上注释是个好习惯。

```
1  # .bashrc
2
3  # User specific aliases and functions
4
5  alias rm=' rm -i'
6  alias cp=' cp -i'
7  alias mv=' mv -i'
8
9  # Source global definitions
10 if [ -f /etc/bashrc ]; then
11         . /etc/bashrc
12 fi
13
14 #######Be modified at 2016.7.30 by DeyanWu#####
15 export PATH=$PATH: /opt/FriendlyARM/toolschain/4.4.3/bin
```

图 12-11　修改~/.bashrc

保存文件，退出 vi。

为了在不重启系统的情况下使脚本生效，执行以下命令：

```
#source ~/.bashrc
```

测试脚本改动是否成功，如图 12-12 所示：

```
#echo $PATH
```

测试安装、配置是否成功，如图 12-12 所示：

```
#arm-linux-gcc   -v
```

```
[ root@localhost ~]# echo $PATH
/usr/lib/qt-3.3/bin: /usr/local/sbin: /usr/sbin: /sbin: /usr/l
[ root@localhost ~]# arm-linux-gcc -v
Using built-in specs.
Target: arm-none-linux-gnueabi
Configured with: /opt/FriendlyARM/mini2440/build-toolschai
ild_redhat-linux-gnu --target=arm-none-linux-gnueabi --pre
.3/arm-none-linux-gnueabi//sys-root --enable-languages=c,c
th-float=soft --with-pkgversion=ctng-1.6.1 --disable-sjlj-
-mpfr=/opt/FriendlyARM/toolschain/4.4.3 --with-ppl=/opt/Fr
=/opt/FriendlyARM/toolschain/4.4.3 --with-local-prefix=/op
le-threads=posix --enable-symvers=gnu --enable-c99 --enabl
Thread model: posix
gcc version 4.4.3 (ctng-1.6.1)
[ root@localhost ~]#
```

图 12-12　测试 arm-linux-gcc

12.6　在嵌入式 Linux 上运行第 1 个程序 Hello world!

安装配置完交叉编译工具后，我们尝试把第 4 章中的 Hello world!程序编译成 ARM Linux 版本，在 ARM Linux 中运行。

在 Linux-C 下新建目录 ARM-Linux-C。为了方便管理，后续的章节中所有在网关上运行的 C 语言程序均放置在该目录下。

程序代码和第 4 章中的 helloworld.c 一样，这里不用重新编码，只需要把 Linux-C 目录下的 helloworld.c 复制到子目录 ARM-Linux-C 即可。假设当前目录为 ARM-Linux-C，复制命令如下：

```
#cp   ../helloworld.c   .
```

【程序 12.6】

helloworld.c

```
1        #include   <stdio.h>
2        #include   <stdlib.h>

3        int   main()
4        {
5            printf("Hello world!\n");
6            return EXIT_SUCCESS;
7        }
```

使用交叉编译器 arm-linux-gcc 编译 helloworld.c，arm-linux-gcc 的用法和 gcc 一样，如图 12-13 所示。

```
#arm-linux-gcc -o helloworld helloworld.c
```

编译出来的 helloworld 是 ARM Linux 版本的机器代码，在 PC Linux 上不能运行（大家可以尝试在 PC Linux 上运行以验证）。

```
[root@localhost ARM-Linux-C]# arm-linux-gcc -o helloworld helloworld.c
[root@localhost ARM-Linux-C]# ll
总用量 12
-rwxr-xr-x. 1 root root 7865 4月  30 15:12 helloworld
-rw-r--r--. 1 root root  104 4月  30 15:11 helloworld.c
[root@localhost ARM-Linux-C]# ./helloworld
bash: ./helloworld: cannot execute binary file
[root@localhost ARM-Linux-C]# █
```

图 12-13　测试 arm-linux-gcc

接下来，需要把 helloworld 复制到网关上。

两个 Linux 之间共享文件的方法有许多种，比如 SSH、FTP、NFS 等。由于我们使用的 PC Linux CentOS 6.7 运行在虚拟机上，和网关共享文件需要设置虚拟机的联网方式、IP 地址等。大家也可以在虚拟机上安装 Vmware 助手，使用鼠标拖拽的方式在 CentOS 6.7 和虚拟机的宿主机 Windows 共享文件，所有这些方式都需要做一些准备工作。由于本章的主要任务并不是讨论系统之间的文件共享，所以限于篇幅，不方便在此展开详细的演示，读者可以自行参考相关资料和书籍。为了节约时间，这次我们使用第 3 章所用的同样的方法，直接使用 U 盘把 helloworld 从 CentOS 6.7 复制到宿主机 Windows 中。

把 helloworld 复制到 Windows 后，还需要进一步转移到网关上。网关也是一个 Linux 系统，适用前述所有共享文件的方法。令人兴奋的是，网关出厂时预置了 FTP 服务器，并且随系统启动，可以方便地使用 FTP 方式把文件从 Windows 拖拽到网关上。

在使用 FTP 之前，需要先配置网关的 IP。使用实验箱附带的公对母串口线连接 PC 的 RS-232 串口和网关的串口。为了登录到网关，需要使用模拟终端，常用的模拟终端有 Windows 自带的超级终端、putty 等。由于 Windows 自带的超级终端在 Windows 7 上已经被取消，虽然可以从 Windows XP 上移植过来，但终究麻烦，所以这里使用 PuTTY。

PuTTY 是一个绿色软件，无需安装，下载后双击就可运行。

由于我们使用串口登录，所以需要先设置串口。如图 12-14 所示，选择 Category 栏的 Serial（串口）在 Serial line to connect to 填写实际使用的端口，将 Speed(baud)（速率）设为 115200，Data bits（数据位）设为 8，Stop bits（停止位）设为 1，Parity（奇偶校验）设为 None，Flow control（流控）设为 None。

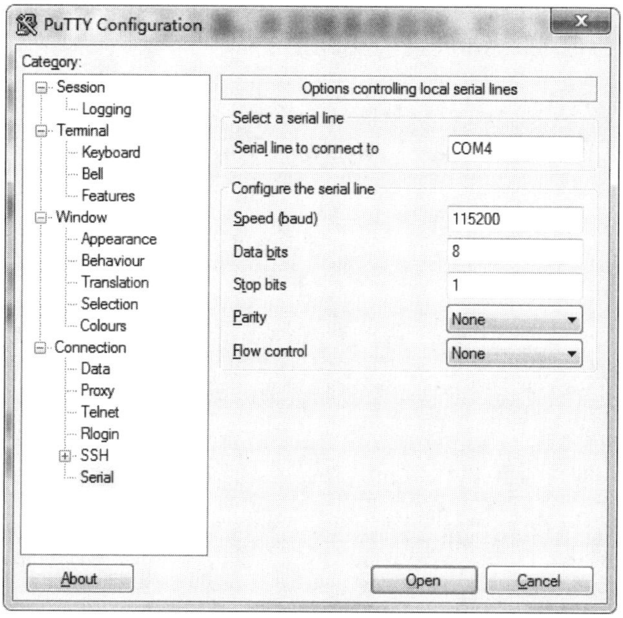

图 12-14　串口设置

回到 Category 里的 Session（会话），在 Connect type（连接类型）里选择 Serial，Serial line 和 Speed 会自动应用刚才的设置。点击 Open 按钮即可连接到网关（如果弹出的终端窗口一片空白，按一下回车键）。

使用 root 用户登录，出厂预置口令为 111111。登录成功，即可看到熟悉的Linux命令行接口的提示符，如图 12-15 所示。

```
SAPP210.14B2 login: root
Password: ******
[root@SAPP210 ~]#
```

图 12-15　登录成功

FTP 通过 TCP/IP 网络传输文件，所以需要使用网线把网关连接到和 PC 相同的网络，同时给网关的网卡 eth0 配置和 PC 同一网络的 IP。假设 PC 所在网段为 192.168.1.0/24，网关 IP 选为空闲地址 192.168.1.144。

```
#ifconfig   eth0 192.168.1.144   netmask 255.255.255.0   up
```

设置后可以使用不带任何参数的 ifconfig 命令检查是否设置成功，如图 12-16 所示。

```
[root@SAPP210 ~]# ifconfig eth0 192.168.1.144 netmask 255.255.255.0 up
[root@SAPP210 ~]# ifconfig
eth0      Link encap:Ethernet  HWaddr 00:00:00:0E:05:A0
          inet addr:192.168.1.144  Bcast:192.168.1.255  Mask:255.255.255.0
          UP BROADCAST RUNNING MULTICAST  MTU:1500  Metric:1
          RX packets:759 errors:0 dropped:0 overruns:0 frame:0
          TX packets:39 errors:0 dropped:0 overruns:0 carrier:0
          collisions:0 txqueuelen:1000
          RX bytes:61642 (60.1 KiB)  TX bytes:2688 (2.6 KiB)
          Interrupt:41 Base address:0x4000
```

图 12-16　给网关配置 IP

ifconfig 设置的 IP 配置信息是临时性的，下次重启系统后丢失。如果需要设置永久性的 IP 配置信息，需要修改/etc/sysconfig/network-scripts/ifcfg-eth0 文件。具体的做法请参考相关资料或书籍。

网关的 FTP 服务默认随系统一起启动，可以使用 Windows 的资源管理器直接匿名打开网关的 FTP 站点，如图 12-17 所示。站点的根目录就是 root 用户的 home 目录/root。可以在 Windows 中像操作本地文件一样把 helloworld 直接复制到网关。

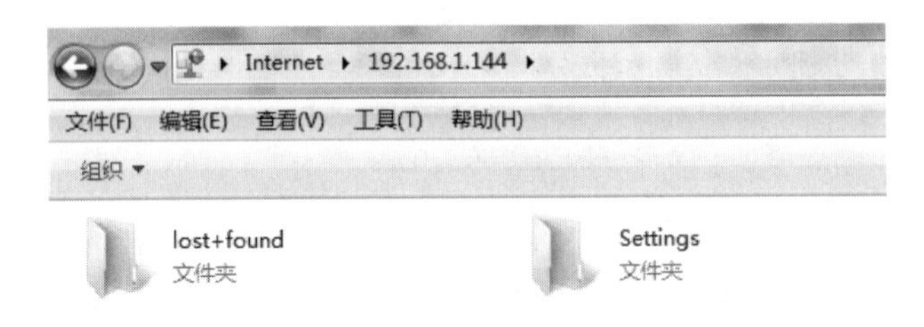

图 12-17　使用 FTP 连接到网关

把 helloworld 复制到网关后，默认没有执行权限，需要使用 chmod 命令给它加上执行权限。

```
#chmod a+x helloworld
```

运行 helloworld，即可看到和 PC Linux 版一样的结果，如图 12-18 所示。

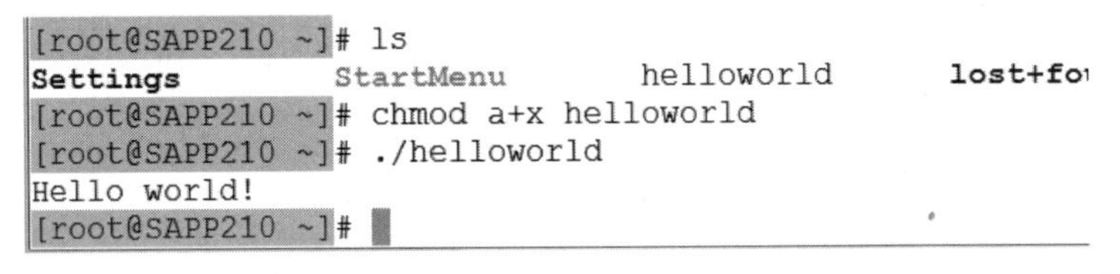

图 12-18　在网关上运行 helloworld

从 helloworld 的例子中大家可以看到，在不涉及专用硬件时，嵌入式 Linux 的编程和 PC Linux 并无二致。因此，前面章节的例子可以不作任何修改，只需要使用交叉编译工具重新编译，即可在嵌入式 Linux 上运行。

小结

前面章节都依托 PC Linux 展开，虽然其中知识与嵌入式 Linux 是通用的，但嵌入式 Linux 作为一个嵌入式系统，自有其特点。本章介绍了嵌入式 Linux 的体系结构特点、嵌入式 CPU，讲解了交叉编译的概念，并演示了交叉编译工具的安装和配置步骤，并且使用凌阳实验箱以最简单的 Hello world!程序体验了嵌入式 Linux 的开发过程。

思考与练习

1. 什么是交叉编译？嵌入式系统为什么需要交叉编译？
2. 查找相关资料，进一步了解 RISC 和 CISC。
3. 为了方便后续章节的学习，请通过查阅相关资料，给 CentOS 6.7 配置 FTP 服务器。

第 13 章　控制板载 LED

控制系统最基本的任务是根据输入信号控制设备工作，比如，根据人工选择控制电机的运转和停止，根据环境温度的变化决定是否启动排风扇，根据环境亮度的变化决定是否开灯，等等。

网关的开发板上集成了 1 组 9 个物理按键和 1 组 4 盏开关式的 LED，正好可以模拟根据输入信号控制设备工作的应用场景。

本章通过编写程序使得用户可以使用 9 个物理按键控制板载 LED 的亮灭，以此了解嵌入式控制系统工作的基本原理，在内容的组织上采取循序渐进的方法，先讲解控制 LED 的方法，再讲解如何读取按键，最后把两部分内容结合到一起，形成最终的按键控制 LED 程序。

13.1　控制板载 LED 的方法和相关概念

所谓的开关式 LED，是指该 LED 只有亮灭两种状态。4 盏 LED 均可通过程序独立控制其亮灭。通过在代码里调整各 LED 亮灭的顺序，可以做出各种亮灯效果，比如跑马灯、爆闪灯等。控制板载 LED 和控制其他外设的原理相同，我们可以通过编写程序控制板载 LED，学习嵌入式 Linux 对外设的控制。

板载 LED 位于网关开发板的右下角，如图 13-1 所示，LED1、LED2、LED3、LED4 在电路板上的编号分别为 D20、D21、D22、D23。

图 13-1　板载 LED 所在位置

我们知道，Linux 通过驱动程序控制周边设备的工作。驱动程序以两种方式存在：一是集成到内核，二是独立模块。由于只有硬件厂商或其合作开发商才了解设备的内部结构和工作原理，所以驱动程序一般由硬件厂家或其合作开发商编写。凌阳科技以独立模块的方式提供了网关板载 LED 的驱动程序，使用时只需加载该驱动程序即可。这样，应用程序的开发人员无需关心系统的底层硬件工作原理和工作方式，可以把精力集中在业务逻辑上。

板载 LED 驱动程序的文件名为 sapp210-led.ko，使用命令

```
#insmod   sapp210-led.ko
```

加载驱动程序。

可以使用命令

```
#lsmod
```

检查驱动程序是否加载成功。

如图 13-2 所示是加载驱动程序和检查是否加载成功的演示。

```
[root@SAPP210 ~]# ls s*
sapp210-led.ko
[root@SAPP210 ~]# insmod sapp210-led.ko
[root@SAPP210 ~]# lsmod | more
sapp210_led 1796 0 - Live 0xbf079000
s5pv210_gpio 7865 6 - Live 0xbf072000
8192cu 394819 0 - Live 0xbf000000
[root@SAPP210 ~]#
```

图 13-2　加载驱动程序

如果驱动程序加载成功，驱动程序的初始化函数会自动在/dev 目录下生成名为 sapp210-led 的设备文件，如图 13-3 所示。

```
[root@SAPP210 dev]# cd /dev
[root@SAPP210 dev]# ll sa* --color=none
crw-rw----    1 root     root      230,   0 Jan  1 00:01 sapp210-led
[root@SAPP210 dev]#
```

图 13-3　驱动程序生成的设备文件

在第 10 章和第 11 章说到，应用程序需要通过设备文件和驱动程序打交道，从而达到和硬件设备交互的目的。为了控制 LED，如图 13-4 所示，我们需要把代表 LED 状态的数据写入设备文件，从而控制 LED 的亮灭。

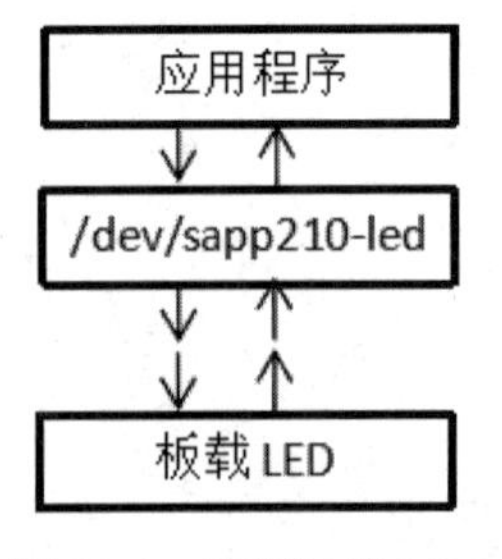

图 13-4　控制板载 LED

驱动程序把 4 盏 LED 当成一个设备看待，使用 1 个字节的低 4 位分别代表 4 盏 LED 的状

态，1 代表灯亮，0 代表灯灭。字节的高 4 位无意义。其中，字节的第 1 位（最右边的位，特别注明：后续章节一律以 1 作为字节中的位的起始位序）代表第 1 盏 LED，第 2 位代表第 2 盏 LED，依次类推。当我们站在网关的正面看向网关时，实际的 LED 排列却是从左到右依次为 LED1、LED2、LED3、LED4，与字节表示的顺序正好相反，大家编码时一定要弄清楚它们之间的关系（如图 13-5 所示）。

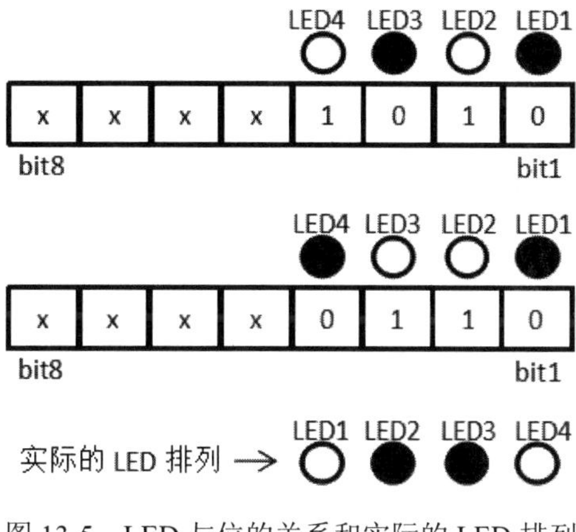

图 13-5　LED 与位的关系和实际的 LED 排列

13.2　爆闪式 LED 控制程序

如图 13-6 所示，所谓爆闪，是指四盏 LED 同亮同灭，这是最简单的亮法。

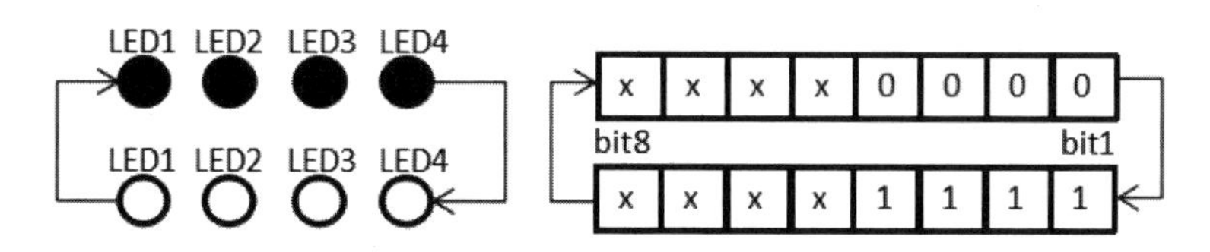

图 13-6　爆闪式亮法

爆闪式 LED 的控制程序很简单，只需要以一定的频率往设备文件上循环写入 0Bxxxx0000 和 0Bxxxx1111 即可。

程序代码如下：

【程序 13.2】

led13.2.c

```
1    #include <stdio.h>
2    #include <fcntl.h>
3    #include <stdlib.h>

4    #define DEVICE_FILE "/dev/sapp210-led"

5    int main()
6    {
7        int fd,i;
```

```
8           unsigned char dat = 0B00001111;
9           // 打开 led 设备文件
10          fd = open(DEVICE_FILE, O_RDWR);
11          if(fd < 0)
12          {
13              perror(DEVICE_FILE);
14              exit(EXIT_FAILURE);
15          }
16          for(i=0;i<100;i++)
17          {
18              // 控制 LED 亮灭
19              write(fd, &dat, 1);
20              // 把 dat 按位取反
21              dat = ~dat;
22              // 延时 1 秒
23              sleep(1);
24          }

25      close(fd);

26          return EXIT_SUCCESS;
27      }
```

程序解读：

程序的第 4 行定义了板载 LED 设备文件的文件名常量。

第 7 行定义了文件句柄变量。由于程序是通过往设备文件写数据以控制硬件，所以，需要打开设备文件，获得句柄，通过句柄访问文件。

第 8 行定义了变量 dat，用于保存控制 LED 亮灭、需要写到设备文件里的字节，并给变量赋初值。

在 C 语言中，一个整数常量可以以十进制表示，也可以以八进制、十六进制表示。如果数值前没有任何标记，表示该数值是一个十进制数。比如

```
i=10;
```

如果数值前冠以 0（阿拉伯数字 0），表示该数值是八进制数。比如

```
i=010;
```

执行完这个语句，i 的值为十进制的 8。

如果数值前冠以 0x，就表示该数值是十六进制数。比如

```
i=0x10;
```

执行完这个语句，i 的值为十进制的 16。

在一些设备控制中，类似板载 LED 这种，实施的是二进制的位控制。在这一类控制代码中，控制数据中的常数用二进制形式来表达无疑是最直观的。但是，有些 C 编译器不能识别二进制常数。由于十六进制和二进制之间有着比较直观的转换关系，所以，当遇到不能识别二进制常数的编译器时，常常使用十六进制表示控制数据。比如说，把二进制数 00001111 表示成 0x0F。

庆幸的是，我们使用的 gcc 和 arm-linux-gcc 都可以识别二进制常数。所以在程序中，我

们以二进制形式表示板载 LED 的控制字节变量 dat 并赋初值。表示二进制常数时，需要在数值前冠以 0B 字样。

程序开始时，dat 的初始值为 0B00001111，表示 LED 全亮。数值的高 4 位无实际意义，可以取任意值。这里写成全 0 是因为二进制数较长，书写时容易遗漏某些位，4 个 0 和低 4 位的 4 个 1 形成明显的区分，不容易出错。

第 10～15 行是打开文件的常规代码。

第 16～24 行是实现爆闪的代码。为了使得程序可以自动结束，代码使用了 for 循环，计数到一定次数后退出循环。控制 LED 爆闪的方法是把 dat 使用 write()函数写入设备文件，程序睡眠 1 秒，再次把新的 dat 数值写入设备文件。通过改变每次写入设备文件的变量 dat 的值来控制 LED 的整体亮、灭。

第 21 行在每写一次设备文件后把 dat 的数值按位取反。所谓“按位取反”是指把二进制中的每一位单独做取反运算。0B00001111 按位取反后的结果是 0B11110000。按位取反的运算符是波浪号“~”。大家注意把按位取反运算“~”和逻辑取反（非）运算“!”区分开来。

第 23 行的 sleep(1)函数让程序暂停 1 秒。

第 25 行在退出爆闪循环后关闭设备文件。

交叉编译 led1.c，复制到网关上运行，如图 13-7 所示，即可看到预设的爆闪效果。

```
[root@SAPP210 ~]# chmod a+x led13.2
[root@SAPP210 ~]# ./led13.2
```

图 13-7　在网关上运行程序

在运行过程中，大家会发现一个问题。由于 for 循环运行了 100 次，每次程序睡眠 1 秒，加上其他代码需要的时间，整个 for 循环至少需要 100 秒才能完成。由于运行时间较长，终端中的命令行会长久地停留在如图 13-7 所示的状态，中间没有任何变化和提示。在实际的应用中，这是一种很不好的用户体验。大家可以使用各种方法进行改进，比如可以在命令行后面加上&，让进程在后台运行；可以在 for 循环中增加屏幕提示信息；等等。

13.3　跑马灯 LED 控制程序

为了加深 Linux 对外设控制和二进制位操作的理解，我们来实现板载 LED 的另外一种亮法：跑马灯亮法。

跑马灯一词源自我国古代的灯笼旋转的灯光效果和过年过节时的竹马表演，比喻来往穿梭不停的事物。在现代的灯光控制中一般指多盏灯首尾相连，灯光在环中沿着某一方向循环滚动，如图 13-8 所示。

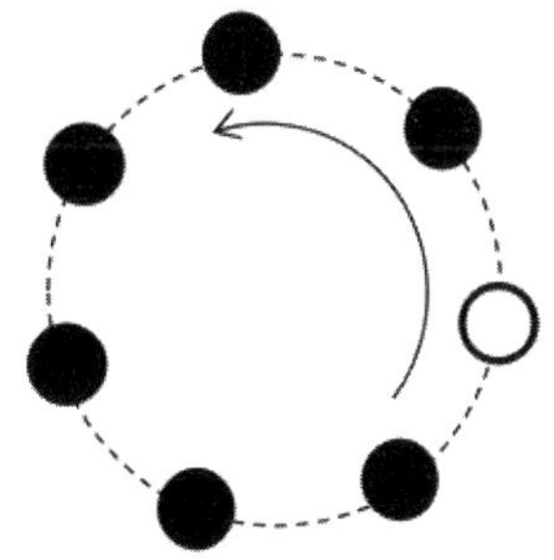

图 13-8　跑马灯

在本例中，板载 LED 以 1→2→3→4→1 的顺序滚动。同一时刻，只亮其中一盏 LED。所以，在控制字节的低 4 位中，同一时刻，只有 1 位是 1，其余位为 0，并且 1 的位置从低位向高位顺序移动，移到第 4 位后回到第 1 位，如图 13-9 所示。

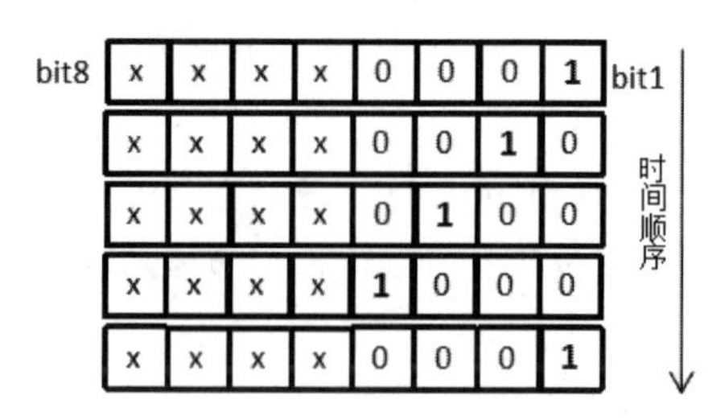

图 13-9　控制字节变化

程序代码和【程序 13.2】大同小异。

【程序 13.3】

led13.3.c

```
1	#include <stdio.h>
2	#include <fcntl.h>
3	#include <stdlib.h>

4	#define DEVICE_FILE "/dev/sapp210-led"

5	int main()
6	{
7	    int fd,i;
8	    unsigned char dat = 0B11100001;
9	    // 打开 led 设备文件
10	    fd = open(DEVICE_FILE, O_RDWR);
11	    if(fd < 0)
12	    {
13	        perror(DEVICE_FILE);
14	        exit(EXIT_FAILURE);
15	    }
16	    long j;
17	    for(i=0;i<100;i++)
18	    {
19	        // 控制某一个 LED 点亮
20	        write(fd, &dat, 1);
21	        // 把 dat 移位
22	        dat = dat<<1;
23	        if((dat & 0B00010000))
24	        {
25	            dat=1;
26	        }

27	        // 延时
28	        for(j=0;j<9999999;j++);
29	    }

30	    dat=0;
```

```
31          write(fd,&dat,1);

32          close(fd);

33          return EXIT_SUCCESS;
34      }
```

程序解读：

程序第 8 行把控制字节的初始值设为 0B11100001，表示从 LED1 开始亮灯。在移位过程中，因为需要使用到第 5 位作判断用，所以把第 5 位的初始值也设为 0。高 3 位的数值无实质性意义，这里设为 1 只是为了和低 5 位作明显区分。

第 22 行在跑马的过程中，每次把 1 往左移 1 位，“<<”是 C 语言的左移位操作符。在左移位操作时，数值整体左移 1 位，最右边补 0。比如 0B11100001 执行左移位操作后，结果为 0B11000010。

dat 从初始值开始，移位 4 次后，变为 0B00010000。1 被移到了第 5 位，低 4 位全为 0，如果把这个字节写到板载 LED 上，所有 LED 就全部熄灭，这不是我们想要的结果。因此，每移位 1 次后都做一个判断，如果第 5 位为 1，则把 dat 人工设为 0B00000001（亦即十进制的 1，程序为了方便，直接写成十进制 1）。判断的方法是把 dat 与 0B00010000 做位与运算。所谓“位与”，是指把两个操作数的二进制位的对应位分别进行与运算。如图 13-10 所示，任何数与 0B00010000 位与时，不管该数为何值，结果中的其他位均变为 0，只有第 5 位保留原值。所以，如果 dat 的第 5 位为 1，则位与的结果大于 0；如果第 5 位为 0，则位与的结果为 0。在 C 语言中，整数 0 表示逻辑假，大于 0 的整数表示逻辑真。因而第 23 行的判断语句中，直接把 dat 和 0B00010000 位与的结果作为逻辑值看待。

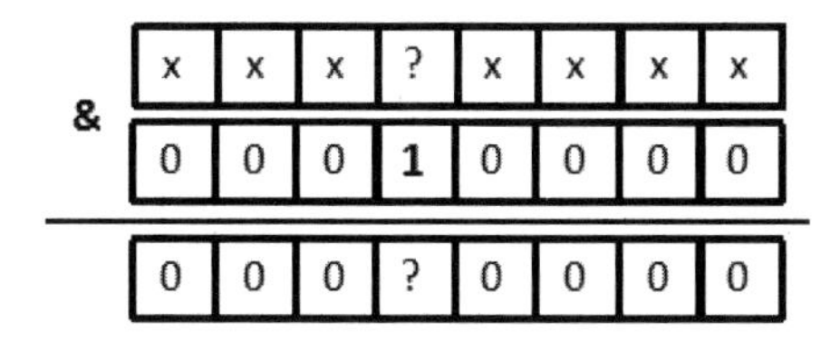

图 13-10　与 0B00010000 位与

在【程序 13.2】中，使用函数 sleep(1)让程序暂停 1 秒来控制 LED 的亮和灭之间的时间间隔。但在跑马灯中，1 秒的时间间隔过长，会使得跑马的效果不明显。所以，第 28 行使用了一个空的 for 循环来实现时间间隔，时间间隔的长短由循环的次数来决定，大家可以使用试探法确定循环次数。

第 30～31 行的作用是在程序退出前把所有 LED 熄灭，如果缺少这两行，程序退出之后，某个 LED 灯就处于长亮状态。

交叉编译该程序，复制到网关上运行，就可以看到跑马灯效果。

13.4　按键读取程序

网关的开发板上提供了 9 个物理按键，可以用于模拟实际应用中的用户输入，9 个物理按键分布如图 13-11 所示。在电路板上，按键编号从 0 开始，分别命名为 k0～k9。k0 和系统 lock 共用一个按键，因而电路板上没有打印 k0 字样。物理按键被分成了 3 组，第 1 组只有 1 个 k0；第 2 组包含 4 个按键，从左到右分别是 k1、k2、k3、k4；第 3 组同样包含 4 个按键，从左到右分别是 k5、k6、k7、k8。

图 13-11　板载物理按键

按键的驱动程序已经包含在网关的 Linux 内核中，设备文件名为/dev/gpiokey。系统启动时启动了一个名为 hotkey 的服务，该服务的作用是让用户通过按键激活凌阳科技编写的实验箱的某功能测试程序，服务会占用按键。因此，如果要在我们的程序中使用按键，需要先停止 hotkey 服务。

```
#service hotkey stop
```

每次按键被分解成两个动作：按下和松开。某个键被按下时，驱动程序返回该键的“序号值+1”的字符形式给应用程序；举例来说，按下 k0，得到的键值是字符'1'；按下 k5，得到的键值是字符'6'。松开任何按键时，驱动程序都会返回'0'字符。应用程序通过读取设备文件获得按键值。

需要大家注意的是，按键返回的是字符值，而不是整数值。比如按下 k3，返回的是字符'4'，而不是整数 4。字符'4'的 ASCII 码是 0B00110100，转换为整数为 52，与整数 4 相去甚远。

【程序 13.4】是个按键测试程序，功能很简单，只是把读到的按键值以字符的形式打印到屏幕上。

【程序 13.4】

key13.4.c

```
1        #include <stdio.h>
2        #include <fcntl.h>
3        #include <stdlib.h>

4        #define DEVICE_FILE "/dev/gpiokey"
```

```
5       int main()
6       {
7           int fd;
8           // 打开按键设备文件
9           fd = open(DEVICE_FILE, O_RDONLY);
10          if(fd < 0)
11          {
12              perror(DEVICE_FILE);
13              exit(EXIT_FAILURE);
14          }

15          char key='0';

16          while(key!='1')
17          {
18              read(fd, &key, 1);
19              printf("key value:%c\n",key);
20          }

21          close(fd);

22          return EXIT_SUCCESS;
23      }
```

程序很简单，就是把读到的每一个按键值（包括按下和松开）以字符形式打印到屏幕上。代码使用了 while 循环连续读取按键值，当按下 k1 时程序结束。第 15 行定义按键值变量 key 时，给 key 赋了一个初值'0'。因为 while 循环的条件是 key!='1'，所以 key 的初值可以是除'1'以外的任意值。

交叉编译程序，复制到网关上，运行结果如图 13-12 所示。

```
[root@SAPP210 ~]# service hotkey stop
Stopping hotkeyService ...                                    [  OK  ]
[root@SAPP210 ~]# chmod a+x key13.4
[root@SAPP210 ~]# ./key13.4
key value:2
key value:0
key value:3
key value:0
key value:4
key value:0
key value:5
key value:0
key value:6
key value:0
key value:7
key value:0
key value:8
key value:0
key value:9
key value:0
key value:1
[root@SAPP210 ~]#
```

图 13-12　按键测试程序运行结果

13.5 按键控制 LED

控制系统最基本的任务是根据输入信号控制设备工作，比如，根据人工选择控制电机的运转和停止，根据环境温度的变化决定是否启动排风扇，根据环境亮度的变化决定是否开灯，等等。控制系统的一般模型如图 13-13 所示。

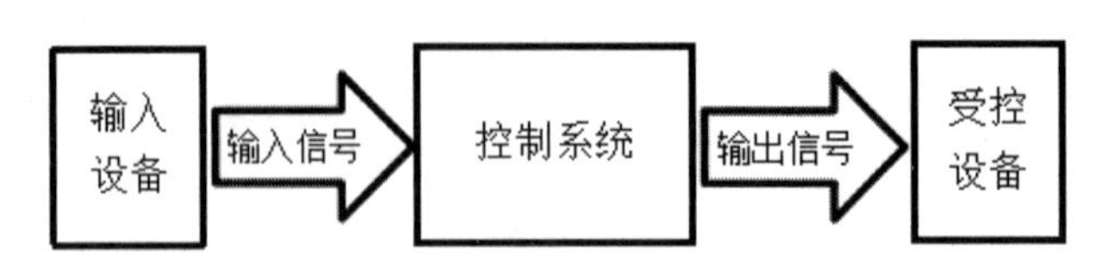

图 13-13 控制系统的一般模型

输入设备可以是（软件）按钮、物理按键、键盘、测量设备、监控设备等，比如灯光开关（按键或者按键）、距离测量设备、温度监控设备。受控设备也可以多种多样，比如电机、照明设备、声音报警设备等。控制系统负责采集输入信号，根据业务逻辑，生成并输出控制信号。

在本例中，我们模拟一个简单的控制系统，将开发板上的物理按键作为输入设备，板载 LED 作为受控设备，根据物理按键的状态控制 LED 的亮灭。具体的业务逻辑是：

（1）按照如图 13-11 所示的按键物理分组，把按键的逻辑功能分为 3 组。

（2）第 1 组只有 k0 一个按键，作为控制系统的退出按键。用户按下 k0，控制系统结束工作。

（3）第 2 组按键为 k1～k4，按下其中一个键，亮对应编号的 LED，其余 LED 熄灭。比如按下 k2，LED2 亮起，LED1、LED3、LED4 熄灭；按下 k4，LED4 亮起，LED1、LED2、LED3 熄灭。

（4）第 3 组按键为 k5～k8，其功能为对应 k1～k4 的反相功能，亦即是，k5 为 k1 的反相，按下 k5 时，LED1 熄灭，其余 3 盏 LED 亮起；k6 为 k2 的反相，按下 k6 时，LED2 熄灭，其余 3 盏 LED 亮起。依次类推。

（5）松开 k1～k8，熄灭所有 LED。

有了前面控制 LED 和读取按键的铺垫，我们的控制系统变得很简单，只需要把前面的程序进行有机组合即可。程序如下：

【程序 13.5】

keyled13.5.c

```
1    #include <stdio.h>
2    #include <fcntl.h>
3    #include <stdlib.h>

4    #define KEY_FILE "/dev/gpiokey"
5    #define LED_FILE "/dev/sapp210-led"

6    int main()
7    {
```

```
8          int key_fd,led_fd;

9          // 打开按键设备文件
10         key_fd = open(KEY_FILE, O_RDONLY);
11         if(key_fd < 0)
12         {
13             perror(KEY_FILE);
14             exit(EXIT_FAILURE);
15         }

16         // 打开 led 设备文件
17         led_fd = open(LED_FILE, O_RDWR);
18         if(led_fd < 0)
19         {
20             perror(LED_FILE);
21             close(key_fd);
22             exit(EXIT_FAILURE);
23         }

24         unsigned char dat=0B11110000;

25         //系统启动，默认状态下所有 LED 熄灭
26         write(led_fd,&dat,1);

27         char key;

28         do
29         {
30             read(key_fd, &key, 1);
31             if (key!='1')
32             {
33                 switch(key)
34                 {
35                     case '2':case '3':case '4':case '5'://k1~k4
36                         dat=0B11110001 << (key-'2');
37                         break;
38                     case '6':case '7':case '8':case '9'://k5~k8
39                         dat=0B11110001 << (key-'6');
40                         dat=~dat;
41                         break;
42                     case '0':
43                         dat=0B11110000;
44                         break;
45                 }
46                 write(led_fd,&dat,1);
47             }
```

```
48              }
49              while (key!='1');

50              close(key_fd);
51              close(led_fd);

52              return EXIT_SUCCESS;
53      }
```

程序解读：

程序比较简洁，对前面出现过的常规代码不再作解释。

程序启动时做了一个简单的初始化工作，把所有的 LED 设置为熄灭状态。

第 28～49 行为系统的业务逻辑代码。循环地读取按键，根据键值做不同的处理。当按下 k0（键值为'1'）时，退出循环，结束程序。

如果得到的键值是'1'以外的任何键，则使用 switch 语句给按键进行功能分组。k1～k4 为一组，k5～k8 为另外一组，'0'为独立的功能组。

在'0'功能分组里只有一个语句，即第 43 行，把控制字节设置为 LED 全熄灭状态 0B11110000。

在理解 k1～k8 功能代码前，要先理解 C 语言对待数据类型的一些原则。C 语言中，字符型数据可以当做整数看待，其值即为 ASCII 码值，比如字符'2'相当于整数值 50（ASCII：0B00110010）。在本例中，我们只需要理解字符与整数的关系，和字符'0'～'9'在 ASCII 码表里顺序编码，码值依次增 1 即可，并不需要知道按键的具体 ASCII 码值。

在 k1～k4 功能分组中，键值和 LED 有顺序对应关系，即 k1→LED1、k2→LED2、k3→LED3、k4→LED4。我们把 LED 控制字节的高 4 位忽略，很容易看出 LED 和低 4 位也有顺序对应关系：LED1→第 1 位、LED2→第 2 位、LED3→第 3 位、LED4→第 4 位。由以上两个顺序对应关系，推导出 k1～k4 和控制字节低 4 位的顺序应对关系为：k1→第 1 位、k2→第 2 位、k3→第 3 位、k4→第 4 位。

如果低 4 位以 0001 为基础，结合移位运算，得到处理方法如下：按下 k1（键值'2'）时，0001 保持不变（可以看作左移 0 位）；按下 k2（键值'3'）时，0001 需要左移 1 位变成 0010；按下 k3（键值'4'）时，0001 需要左移 2 位变成 0100；按下 k4（键值'5'）时，0001 需要左移 3 位变成 1000。总结起来就是，用户按下 k1～k4 中任一按键时，只需要以 0B0001 为基础，左移“按键序号-1”位即可得到最终的 LED 控制字节。

再结合 C 语言对字符的处理方法，即可得到第 36 行业务逻辑处理语句：

```
dat=0B11110001 << (key-'2');
```

为什么前面推理的时候是“按键序号-1”，而在真正的语句中却变成了 key-2？这是因为在 13.4 节中我们说过，按键对应的字符是“按键序号+1”，比如 k1 的按键序号为 1，其按键值是'2'，变量 key 是按键值，所以 key=按键序号+1，key-2 实际上就是“按键序号-1”。

大家理解了 k1～k4 的业务逻辑代码，也就理解了 k5～k8 的业务逻辑代码，唯一的区别只是 k5～k8 在 k1～k4 的基础上多做一个反相操作，即第 40 行的按位取反操作：

```
dat=~dat;
```

在实际的应用中，第 39～40 行经常合并成一行：

```
dat=~(0B11110001 << (key-'6'));
```

无论哪个功能分组，最终都需要把控制字节写入设备，因此，第 46 行在功能分组之后统一执行写 LED 设备文件的操作。

交叉编译程序，复制到网关上，运行并检测结果。

小结

嵌入式应用系统的主要功能是获取输入信号，从而对设备进行逻辑控制。本章以板载 LED 模拟受控设备，以板载物理按键模拟输入设备，通过例子介绍了嵌入式 Linux 系统对输入信号的获取方法，以及对控制信号的输出方法，从而理解控制系统的功能模型和程序设计思想。

思考与练习

1.【程序 13.3】第 23 行的条件判断除了使用位与运算，是否还有其他的实现方法？
2．查阅资料，了解 PWM 的概念和使用。
3．查阅资料，了解 A/D、D/A 的概念和使用。

第 14 章　串口通信和 GPIO 的使用

嵌入式系统工作时，经常需要和其他模块或设备通信。通信的方式有很多，可以是有线的，也可以是无线的。在有线的方式中，可以使用网线连接到计算机网络中，通过 TCP/IP 协议实现通信；也可以通过并行接口（简称并口）实现通信；还可以通过串行接口（简称串口）实现通信。无线的通信方式有 ZigBee、WiFi 等。所有的这些通信方式中，串口方式经常被应用到短距离的通信中。

嵌入式系统中常常有一些结构比较简单的外部模块或设备，当这些模块或设备作为输入时，往往只能够提供 1 位的数据，并且只有 0 和 1 两种状态，比如灯的亮和灭状态；同样的道理，当这些模块或设备作为受控设备时，可能只需要 1 位控制信号，也只有 0 和 1 两种状态。为了适应这类模块或设备，嵌入式系统一般会提供数量不等的 GPIO 接口（通用可编程 I/O 接口）。

串口通信和 GPIO 的使用是两个独立的知识。在前面的知识铺垫下，它们的概念、使用和编程控制都是很简单的事情。出于章节篇幅的考虑，把它们放在一起讲解。

14.1　串口通信基础

传统的近距离 1 对 1 通信有并行方式和串行方式两种，如图 14-1 所示。所谓并行，是指同时传输一个字节的 8 个二进制位；而串行，则是指每次只传输 1 个二进制位。

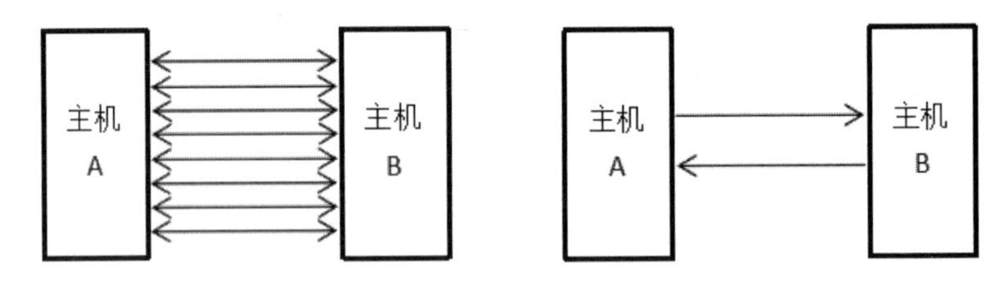

图 14-1　并行通信方式和串行通信方式

并行通信一次传输 8 位，相较串行方式，在数据传输效率方面有比较大的优势。在相同的线路传输速率下，并行通信的数据传输效率为串行通信的 8 倍。但是，并行通信方式至少需要 8 根数据线，再加上其他控制线（比如选通线、确认线、地线等），导致并行通信的传输线和接口体积都比较大，一般使用 25 针的 D 型接口，如图 14-2 所示。另外，并行通信由于使用物理接线过多，线间有比较严重的电磁串扰，所以并行接口的线路传输速率不能过高。

串行通信一次只传输 1 位，一个字节需要分成 8 次传输。表面上看，数据传输速率不如并行方式，但是串行通信有着并行通信不可比拟的优势。首先，串行方式只需要 2 根单向传输的数据线，加上地线，实际上只需要 3 根线就可以实现传输功能。因此，传输线和接口的体积较小，一般常用 9 针的 D 型接口，如图 14-2 所示。另外，串行通信使用较少的物理接线，线间电磁串扰较低，线路传输速率可以做得很高。因而，串行通信比并行通信有着更高的数据传输效率。

图 14-2　25 针 D 型接口和 9 针 D 型接口

嵌入式系统由于体积方面的限制，更常使用串行通信方式，一般比较完整的嵌入式开发板上都会集成一个或多个串口。凌阳矩阵实验箱的 A8 网关配备了多个 UART 串口用于与周边模组（GPRS、ZigBee、RFID 等）的连接。此外，还配备了一个独立的 UART 串口用作连接 PC 上的模拟终端或连接其他设备，该独立串口以两种物理接口形式呈现，一种是 RS-232 接口，一种是 USB B 型母接口，如图 14-3 所示。

图 14-3　板载外接串口所在位置

即使同是串行通信，具体实施起来，由于对数据的封装、校验等方式不同，也各有不同的协议。常用的 UART 是 Universal Asynchronous Receiver and Transmitter（通用异步接收器和发送器）的简称，即是串行通信的一种数据链路层协议。

由于 UART 是串行异步通信方式，因此在 UART 通信过程中每次只能传输 1 位（bit）。若干位组成一个数据帧（frame），帧是 UART 通信中最基本单元，它主要包含：开始位、数据位、校验位（如果开启了数据校验，要包含校验位）和停止位，帧格式如图 14-4 所示。

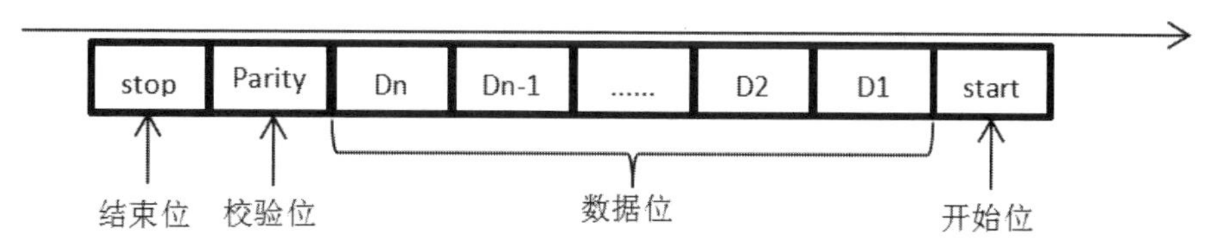

图 14-4　UART 帧格式

开始位：必须包含在数据帧中，表示一个帧的开始。

数据位：可选 5、6、7、8 位，该位长度可由编程人员指定。

校验位：如果开启了数据校验，则该位必须指定。

停止位：可选 1、2 位，该位长度可由编程人员指定。

UART 在通信之前要在发送端和接收端约定好帧结构，也就是约定好传输数据帧格式。通信双方约定好帧格式后，需要指定同一波特率，以保证双方数据传输的同步。

按照习惯，Linux 把串口映射成设备文件呈现给应用程序，由此可以在程序中像使用其他设备一样通过读写设备文件使用串口：使用 open()函数打开文件，使用 read()和 write()函数读写串口，使用 close()函数关闭串口。但是，串口相对其他设备，有着它独特的个性，比如需要设置串口的数据传输速率、开始位、数据位、结束位、校验位等。因此，Linux 还为串口通信提供了专门的函数。其中一个函数是 tcgetattr()，用于获得串口的属性值。原型为：

```
int tcgetattr(int fd, struct termios *termios_p);
```

fd 是串口的设备文件句柄，函数执行后，把串口属性保存在传递给函数的结构体 struct termios 里。

struct termios 定义如下：

```
1       struct termios
2         {
3           tcflag_t c_iflag;          /* input mode flags */
4           tcflag_t c_oflag;          /* output mode flags */
5           tcflag_t c_cflag;          /* control mode flags */
6           tcflag_t c_lflag;          /* local mode flags */
7           cc_t c_line;               /* line discipline */
8           cc_t c_cc[NCCS];           /* control characters */
9           speed_t c_ispeed;          /* input speed */
10          speed_t c_ospeed;          /* output speed */
11        };
```

该结构体保存了包括串口输入模式、输出模式、输入速率、输出速率等所有属性值。通过读取该变量的相关字段，便可获得串口的属性设置。

另外一个函数是 tcsetattr()，用于设置串口的属性值。原型为：

```
int tcsetattr(int fd, int optional_actions, const struct termios *termios_p);
```

参数 fd 和 termios_p 与 tcgetattr()相同，optional_actions 用于指示函数串口属性的更改何时生效，可取值有 3 个：

TCSANOW：更改立即生效。

TCSADRAIN：当所有输出数据传输完毕后更改才生效。

TCSAFLUSH：当所有输出数据传输完毕后更改才生效，并且，生效前先清空缓冲区中收到但尚未被应用程序读取的数据。

由于 struct termios 中控制输入输出速率的字段不止一个，并且不直接使用速率值的数值本身，而是使用预定义常量。所以为了方便使用，C 语言专门提供了获取和设置速率的函数：

```
speed_t cfgetispeed(const struct termios *termios_p);
speed_t cfgetospeed(const struct termios *termios_p);
int cfsetispeed(struct termios *termios_p, speed_t speed);
int cfsetospeed(struct termios *termios_p, speed_t speed);
int cfsetspeed(struct termios *termios_p, speed_t speed);
```

有了这些函数，应用程序就可以自如地使用串口了。使用串口的一般步骤如图 14-5 所示。

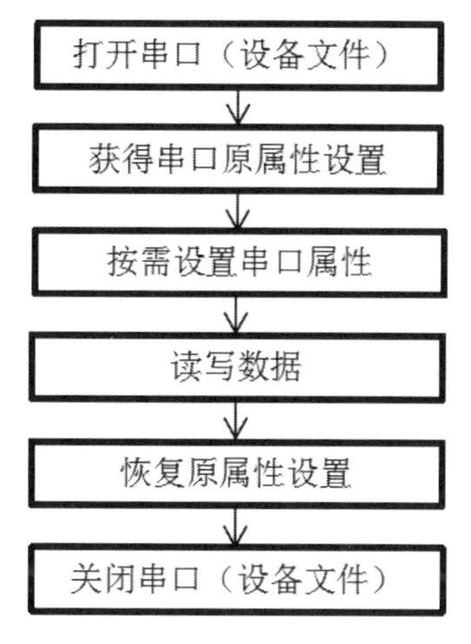

图 14-5　使用串口的一般步骤

14.2　串口通信程序

本例在网关和 PC 之间通过串口实现简单的通信功能，网关和 PC 之间能够进行类似前面第 9 章的 TCP/UDP 通信程序的 ABAB 式聊天。

在开始编码之前，需要先做好物理上的连接。正如本章开头的图 14-1 所示，网关提供了两个物理串口，一个是 RS232 格式，一个是 USB B 型母口格式。这两个物理接口实际上是一个串口。之所以这样配置，是考虑到有些 PC 主板配备有 RS232 串口，可以使用串口线直接连接网关的 RS232 接口。而很多新式的笔记本甚至台式机为了节约空间，省略掉了 RS232 串口，这些主机如果使用串口，就需要如图 14-6 所示的 USB 转串口的专门设备。

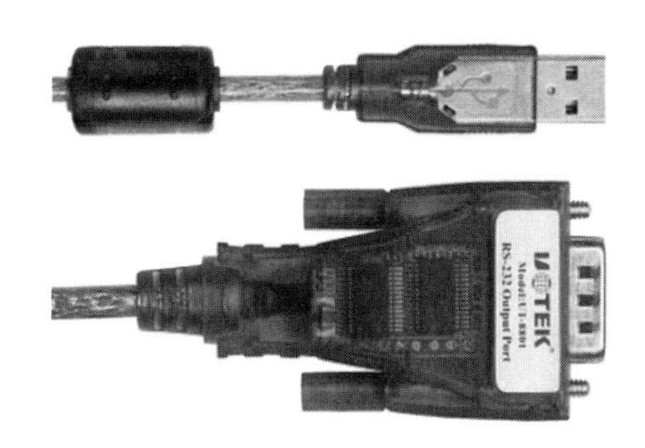

图 14-6　USB 转串口设备

为了方便主机上没有串口的使用者，凌阳科技的网关直接把 USB 转串口的功能（亦即如图 14-6 所示设备的功能）集成到了开发板上，在开发板上引出了 USB B 型母口。所以，开发板上 RS232 接口和 USB B 型母口的关系如图 14-7 所示，它们实际上为同一串口 UART0。凌阳科技为所有的 UART 串口提供了集成在 Linux 内核的驱动程序，UART0 对应的设备文件为 /dev/s3c2410_serial0。

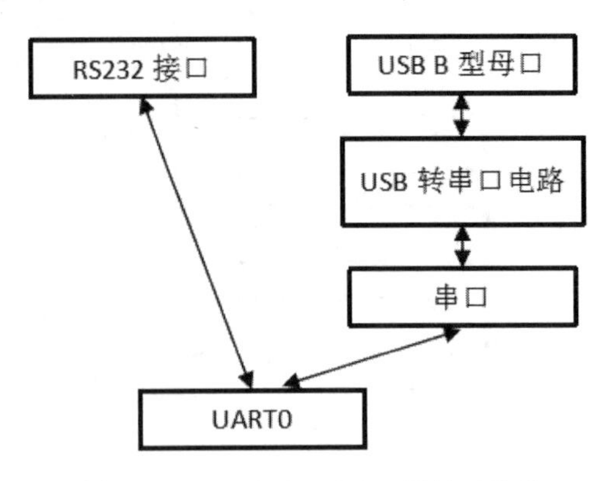

图 14-7　RS232 和 USB B 型母口关系

使用如图 14-8 所示的 USB AB 线连接 PC 的 USB 口和网关右上角的 USB B 型母口。Windows 需要安装 USB 转换电路的驱动程序，如未能自动识别硬件，可人工安装实验箱附带光盘里的驱动程序，程序位于"\Tools\DRIVER\CP2102 驱动"目录下。安装驱动程序后，Windows 设备管理器里多了一个串口"COM?"，"?"表示端口的编号，随系统不同而不同（比如编者的台式机上编号为 5，如图 14-9 所示。为了描述方便，下文假设端口的编号为 5，即 COM5）。

图 14-8　USB AB 线

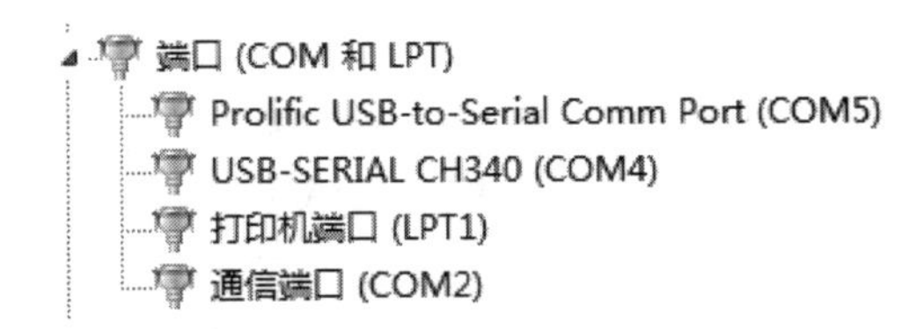

图 14-9　新增 COM 口

完成物理连接后，就可以开始编写程序了。

【程序 14.2】

UART_comn.c

```
1      #include <stdio.h>
2      #include <stdlib.h>
3      #include <termios.h>
4      #include <fcntl.h>
5      #include <string.h>

6      #define BUFFER_SIZE 1024
7      #define UART0 "/dev/s3c2410_serial0"

8      int main()
9      {
10         int fd;
11         fd = open(UART0, O_RDWR);     // 打开串口 0
12         if(fd<0)
13         {
14             perror(UART0);
```

```
15              exit(EXIT_FAILURE);
16          }

17          struct termios options, oldoptions;         // 定义串口属性结构体变量，其中 options 用于重新
     设置串口属性，oldoptions 用于原设置，用于在程序退出时恢复到原来的属性
18          tcgetattr(fd, &oldoptions);                 // 获得当前的串口设置信息
19          tcgetattr(fd, &options);
20          cfsetispeed(&options, B115200);             // 设置输入波特率为 115200
21          cfsetospeed(&options, B115200);             // 设置输出波特率为 115200

22          options.c_cflag &= ~PARENB;                 // 设置串口无奇偶校验
23          options.c_cflag &= ~CSTOPB;                 // 设置停止位为 1 位
24          //////设置数据位为 8 位///////
25          options.c_cflag &= ~CSIZE;
26          options.c_cflag |= CS8;
27          ////////////////////////////////

28          options.c_lflag &= ~(ICANON | ECHO | ECHOE | ISIG);     // 设置串口为 Raw 模式
29          options.c_oflag &= ~OPOST;

30          tcsetattr(fd, TCSANOW, &options);           // 将上述设置生效

31          char buf[1024],sendbuf[1024];
32          int len = 1024;
33          int nByte;
34          int rdadByte;
35          write(fd, "testSerial:\n", 12);            // 向串口发送数据
36          while(1)
37          {
38              bzero(buf,len);
39              rdadByte = read(fd, buf, len);          // 读串口
40              if(buf[0] == 'q')    // 如果输入的字符为'q'则恢复串口的原设置并退出程序
41              {
42                  printf("\n");
43                  tcsetattr(fd, TCSANOW, &oldoptions);
44                  break;
45              }
46              printf("%s",buf);
47              unsigned int i = 0;
48              for(i = 0; i < 0xfffff; i++);
49              nByte = write(fd, buf, rdadByte);       // 写串口
50              if (buf[0]=='\n')
51              {
52                  printf("Send a message:");
53                  bzero(sendbuf,sizeof(sendbuf));
```

```
54                  __fpurge(stdin);
55                  scanf("%s",sendbuf);
56                  sendbuf[strlen(sendbuf)]='\n';
57                  write(fd, sendbuf, strlen(sendbuf));
58              }
59          }

61          close(fd);

62          return EXIT_SUCCESS;
63      }
```

程序解读：

程序的前 16 行是大家熟悉的常规性代码。

第 17 行定义了两个 struct termios 变量 options 和 oldoptions。这样做的目的是因为串口使用时要按我们的需求设置属性，但使用完毕后应该恢复原状。所以，需要一个变量（oldoptions）用于保存原来的属性，另一个变量（options）用于设置新的属性。

第 18 行利用 tcgetattr()函数获得串口当前的属性值，保存到 oldoptions 变量，以便使用完毕后恢复原状。

由于串口的属性很多，使用时不可能一一去设置，所以一般都是在原有基础上修改需要的属性。第 19 行再次调用 tcgetattr()获得串口的当前属性值，保存在 options 以便后面按需修改。

第 20～21 行分别调用 cfsetispeed()和 cfsetospeed()函数，设置 options 变量的串口输入输出速率为 115200。B115200 是 C 语言串口通信部分预定义的一个命名常量。

第 22 行设置 options 变量的串口属性为无奇偶校验。由于 struct termios 的 c_cflag 字段包含了很多属性值，某一个属性只占用其中的某 1 个或几个位，所以这种位属性需要使用二进制数的位操作来设置。

如图 14-10 所示，c_cflag 是一个 32 位的无符号整数，其中，第 9 位是奇偶检验位，如果该位为 1，表示启用奇偶检验；如果为 0，表示无奇偶校验。PARENB 是 C 语言定义的一个串口奇偶检验，设置 32 位整数常数，对应的奇偶检验位第 9 位为 1，其余所有位为 0。如果需要设置串口启用奇偶检验，只需要把 c_cflag 与 PARENB 做位或操作。

```
c_cflag | PARENB
```

位或的结果是 c_cflag 的第 9 位无论原来为何值，新值都变为 1，其余位保持原值不变。这样我们既设置了奇偶校验，又不影响其他属性。

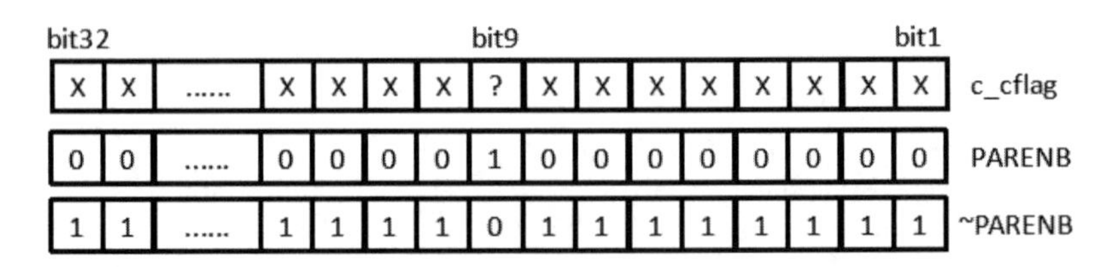

图 14-10　设置奇偶检验

同样地，如果需要关闭串口的奇偶校验，只需要把 c_cflag 与 PARENB 按位取反后做位与

操作。也就是

```
c_cflag & ~PARENB
```

位与的结果，c_cflag 的第 9 位无论原来为何值，新值都变为 0，其余位保持原值不变。这样我们既关闭了奇偶校验，又不影响其他属性。

在程序中，

```
options.c_cflag &= ~PARENB;
```

是

```
options.c_cflag = options.c_cflag & ~PARENB;
```

的简写，是 C 语言的一种常用写法。

第 23 行类似第 22 行。

第 25～26 行设置数据位长度为 8 位。为什么需要两行语句呢？与前面的设置不同，c_cflag 中的数据位长度属性值占两个二进制位（bit5 和 bit6），共有 4 个取值：CS5、CS6、CS7、CS8。因为设置时使用位或操作，假设原值某位为 1，而新值为 0，则 1 | 0=1，设置后该位仍为原值，无法变为新值。所以设置前需要先把原值清零，再按需设置。CSIZE 是 C 语言提供的数据位长度属性位的掩码，所谓掩码，意思是对应的位为 1，其余所有无关位为 0。也就是说，CSIZE 对应数据位长度属性的 bit5、bit6 为 1，其余所有位为 0。c_cflag | ~CSIZE 的结果就是把 bit5 和 bit6 置 0。

第 28～29 行设置串口的传输模式为 Raw 模式。Raw 模式是原始模式的意思，意指串口不对数据做任何额外的处理，仅仅是收发数据。

第 30 行把新属性值应用到 UART0 上，并使设置立即生效。

第 35 行在程序启动时向 PC 的串口发送 testSerial 字符串。

第 36～59 行的 while 循环实现和 PC 端的串口通信进程 ABAB 式的聊天。如果 PC 端发送'q'字符，则退出循环，结束程序。结束程序前，把串口恢复到原属性设置值，并关闭串口。

交叉编译程序，并复制到网关上。

由于这是一个串口通信程序，而通信应该有两个参与方，我们的程序只是其中一方——网关上的串口方 UART0。另一方在哪里呢？另一方就是 PC 上的串口。在本例中，PC 和网关之间是 PC 端的 USB 口通过 USB AB 线连接到网关的 USB B 型母口实现通信的。实际上，它们之间是通过串口互连的，只不过，网关在开发板上集成了我们应该在 PC 端配备的 USB 转串口电路。所以，开发板上的 USB 转串口电路相当于 PC 端的 USB 转串口设备。这个设备在 PC Windows 上的名字为 COM5。

用什么程序读写 PC 端的串口呢？常规的可以通过串口连接网关的终端模拟程序，比如 Windows 的超级终端、PuTTY 都可以读写串口。这里我们选用 PuTTY。

参照第 12 章的方法，在 PuTTY 里把 COM5 设置成和网关的 UART0 同样的属性，即速率为 115200，数据位为 8，停止位为 1，无奇偶检验，无流控。使用串口打开 PuTTY，这时在 PuTTY 里能看到网关 Linux 的命令行界面。大家要搞清楚，因为 UART0 被作为控制端口，网关 Linux 把命令行界面打印到 UART0，由于这时 PC 的串口连接了网关的 UART0，所以 PuTTY 上显示了网关 Linux 的命令行界面，但实质上 PuTTY 只是在读写 PC 的串口。

为了方便大家辨认和理解，我们使用另外的终端程序 SSH Secure Shell Client（下面简称

SSH）通过 TCP/IP 的方式登录到网关 Linux 上再运行 UART_comn。SSH 是一个使用 SSH 协议通过 TCP/IP 网络远程登录的终端程序套件，安装简单，使用方便。如图 14-11 所示是使用 SSH 登录到网关 Linux 的效果。

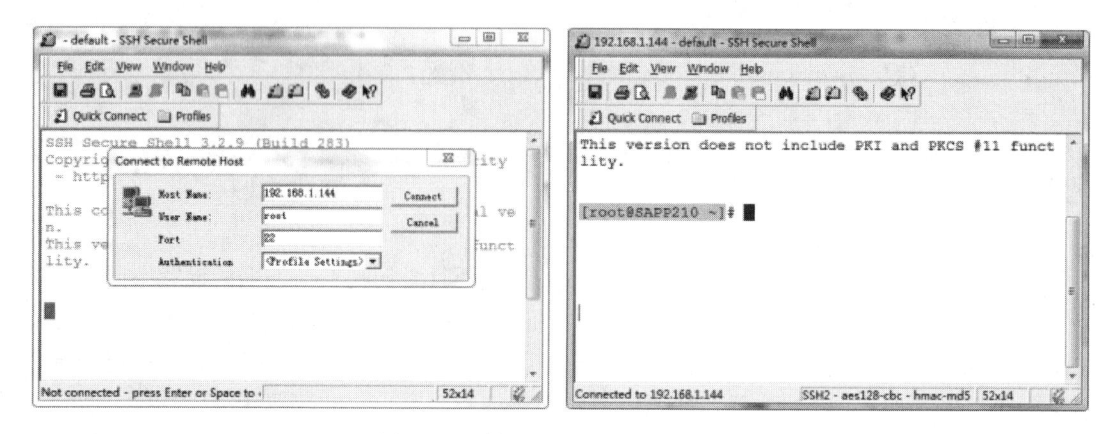

图 14-11 使用 SSH 登录网关 Linux

大家对上面的描述可能比较晕，为什么我们要大费周折地使用两个不同的模拟终端程序来实现聊天？而且两个终端还同时显示网关 Linux 的界面？简单地说就是：我们要实现 PC 的串口和网关的串口之间的通信。如图 14-12 所示，PuTTY 代表着 PC 端的串口 COM5，SSH 代表着网关端的串口 UART0。因为网关 Linux 正好又把 UART0 作为控制终端的接口，所以当 PuTTY 代表着 PC 的串口 COM5 连接到网关的 UART0 的时候，PuTTY 上就不可避免地显示了网关 Linux 的命令行界面。但实际上，PuTTY 在我们的通信过程中仅仅是用来代表 PC 的串口 COM5，大家把 PuTTY 中显示的网关 Linux 的命令行界面忽略掉即可。正因为 PC 端的串口上和网关端的串口上都显示同样的界面，为了不引起大家混淆，才有意使用了两个不同的终端程序 PuTTY 和 SSH。

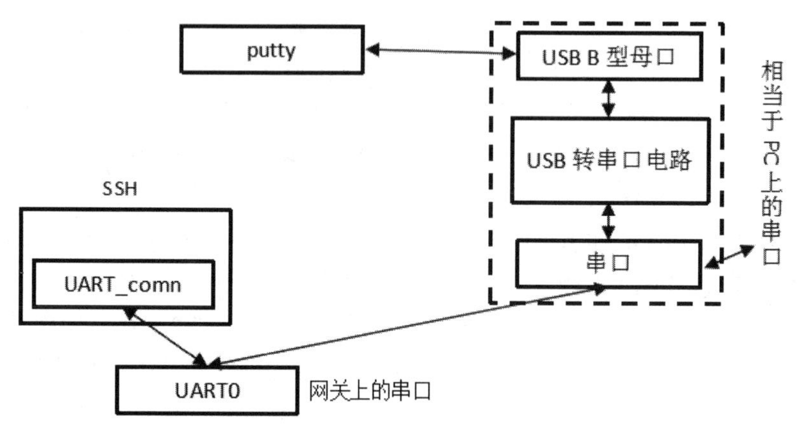

图 14-12 通信程序之间的关系

图 14-13 是网关上的 UART_comn 通过串口和 PC 端的 PuTTY 实现 ABAB 式聊天的截图。轮到 PC 端发言时，PuTTY 里按 q 键远程退出 UART_comn。

图 14-13　串口通信效果

14.3　GPIO 基础

嵌入式系统中常常有一些结构比较简单的外部模块或设备。这些模块或设备作为输入时，往往只能够提供 1 位的数据，并且只有 0 和 1 两种状态，比如获得灯的亮和灭状态；同样的道理，这些模块或设备作为受控设备时，可能只需要 1 位控制信号，只有 0 和 1 两种状态，比如控制灯的亮和灭。对这些模块或设备电路的连接，使用传统的串行口或并行口都不合适。为了适应这些模块或设备，嵌入式系统上一般会提供数量不等的 GPIO 接口。

所谓 GPIO（General-Purpose Input/Output ports），也就是通用 IO 接口。每个 GPIO 接口只有一根线，在逻辑上只有 0 和 1 两种状态，在电气特性上 0 输出低电平 0V，1 输出高电平。在嵌入式系统中，高电平一般为 5V 或 3.3V。GPIO 接口可以通过程序设置作为输入接口（Input）还是输出接口（Output），或者双向接口。每个 GPIO 接口可以单独使用，也可以和其他 GPIO 接口成组使用。图 14-14 是利用单个 GPIO 接口控制 LED 的示意图。

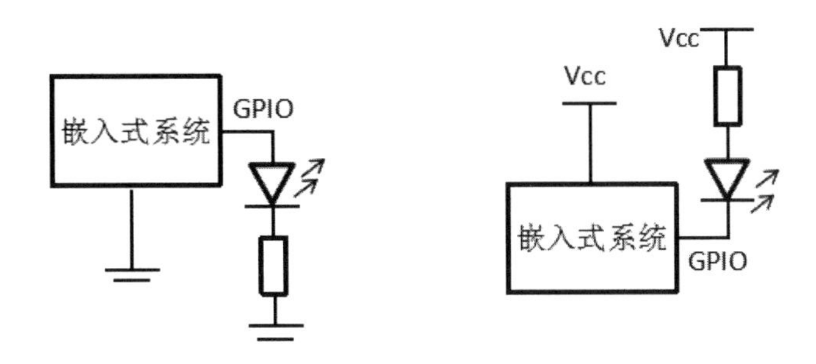

图 14-14　GPIO 控制 LED 示意图

GPIO 作为输出接口连接其他模块或设备时，有两个参数需要考虑：拉电流和灌电流。如图 14-15 所示，所谓的拉电流是指 GPIO 接口输出高电平时为所连接的模块或设备提供的输出电流；灌电流是指 GPIO 接口输出低电平时从所连接的模块或设备吸收的输入电流。最大拉电流和最大灌电流是衡量 GPIO 作为输出接口时的驱动能力的重要性能指标。

有时候，GPIO 接口不能直接使用，需要增加一个连接到电源端的上拉电阻。

什么是上拉电阻？为什么要增加上拉电阻呢？什么时候需要上拉电阻？

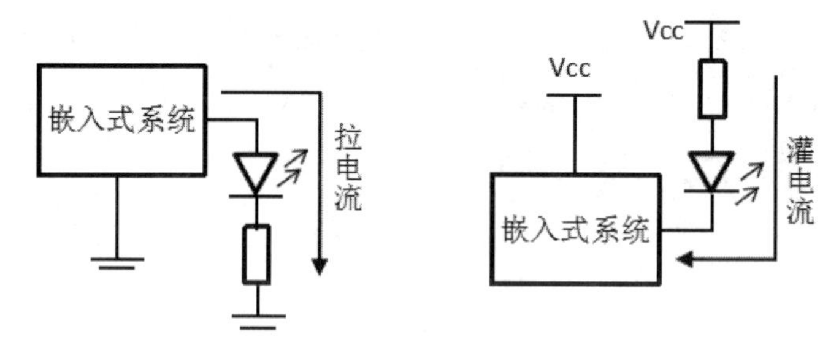

图 14-15　拉电流和灌电流

如图 14-16 所示，GPIO 接口的内部电路类似一个电子开关，当 GPIO 输出 1 时，电子开关断开，内部电阻 R0 把输出电位上拉到 Vcc 附近。R0 就是所说的上拉电阻。所以上拉电阻是 GPIO 能够输出高电平的必要元件。大多数系统的 GPIO 接口内部都集成了上拉电阻。但是，集成的上拉电阻体积过小，能够承受的电流有限，在有些场合，当高电平工作的受控设备需要大电流的时候，就有必要屏蔽内部的上拉电阻，从外部加接另外的上拉电阻。为了适应这样的需要，很多系统允许通过编程使能或禁止内部的上拉电阻。禁止内部的上拉电阻后，GPIO 脚处于半悬空的状态，被称为开漏模式。GPIO 处于开漏式时必须在外部加接上接电阻方能工作。

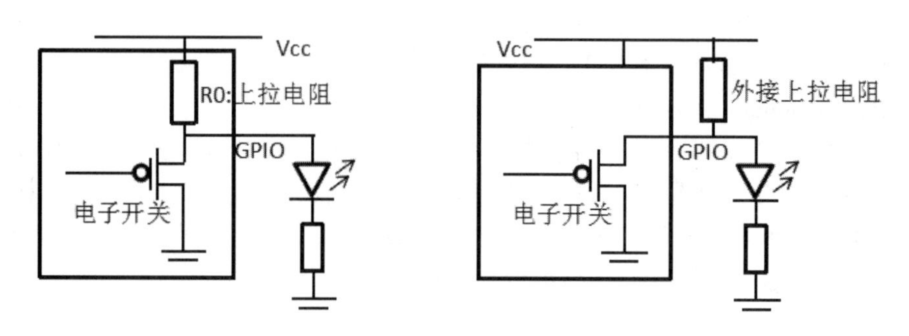

图 14-16　上拉电阻和开漏模式

14.4　GPIO 编程

凌阳科技的网关的开发板上引出了多组 8 位的 GPIO 接口，有些 GPIO 组连接了集成开发板上的设备，比如板载 LED、物理按键等。J0 和 J3 组处于闲置状态，下面的例子使用 J0 组的 GPIO 接口控制外接 LED 的亮灭。

编码之前首先要完成电路的物理接线。如图 14-17 所示，J0 和 J3 位于开发板的右下角位置，板载 LED 的左上方。J0 和 J3 的引脚都以插针的形式引出到了开发板的背面，如图 14-18 所示。两组插针均插入了实验箱底板的插座上。要使用 J0 和 J3，需要把开发板从实验箱底箱上拆下。实验箱的 220V 电源通过底板给网关供电，当网关从底板脱离后，无法从底板取电，但可以通过右上角的 USB B 型母口从 PC 的 USB 口取电。

本例采用图 14-14 左边的电路连接方式，使能 GPIO 内部的上拉电阻，由拉电流驱动外接 LED。

图 14-17　GPIO J0、J3 所在位置

图 14-18　GPIO J0、J3 底侧视图

LED 采用市面上常见的 5mm 白发红草帽型 LED，压降为 2.2V，额定电流为 20mA，5mA 即能发出弱光。考虑到 GPIO 接口的驱动能力和网关的总驱动能力，单个 LED 的驱动电流采用 10mA，使用 J0_0、J0_1 连接两个 LED。LED 是恒压器件，需要在电路中串接 120Ω 限流电阻（图 14-15 中 LED 下方的电阻即是限流电阻）。

如图 14-19 所示，使用杜邦线、面包板插线和面包板完成电路的连接。

凌阳科技把 GPIO 的驱动程序集成到了 Linux 内核，并生成了相应的设备文件，设备文件名为/dev/gpJx，其中，x 是 GPIO 组的编号，比如 J0 组的设备文件名为/dev/gpJ0。

驱动程序通过 ioctl 接口修改 GPIO 的工作模式，所支持的命令对照表如表 14-1 所示。

驱动程序提供的 ioctl 接口除了常规的修改硬件属性外，还包括了一般意义上的 write 接口的功能，可以通过 ioctl 接口改变某一位 GPIO 接口的输出值。当然，驱动程序也提供了完成该功能的对应的 write 接口。使用 write 接口时，由于 write()函数至少写入一个字节，所以改变的是整个 GPIO 接口组的输出值。比如，假设 fd 是/dev/gpJ0 的文件句柄，下列语句

```
unsigned char dat=0xFF;
write(fd,&dat,sizeof(dat));
```

把整个 J0 组的 GPIO 接口输出值都改变 1。

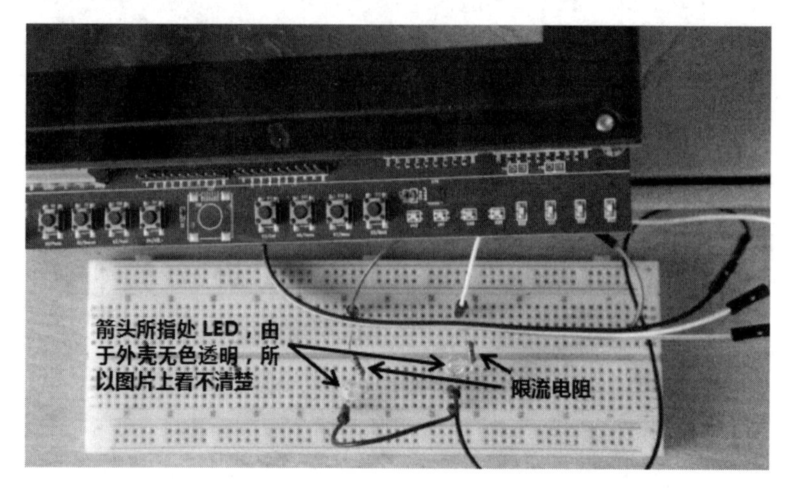

图 14-19　物理接线

表 14-1　GPIO 控制命令

控制命令	附带参数	意义
0x00	GPIO 位在组内的编号（0～7）	设置某一位 GPIO 为输入接口
0x01	GPIO 位在组内的编号（0～7）	设置某一位 GPIO 为输出接口
0x10	GPIO 位在组内的编号（0～7）	设置某一位 GPIO 的数据为 0
0x11	GPIO 位在组内的编号（0～7）	设置某一位 GPIO 的数据为 1
0x20	GPIO 位在组内的编号（0～7）	禁止某一位 GPIO 的上/下拉电阻
0x21	GPIO 位在组内的编号（0～7）	使以某一位 GPIO 的下拉电阻
0x22	GPIO 位在组内的编号（0～7）	使能某一位 GPIO 的上拉电阻
0x30~0x32	GPIO 位在组内的编号（0～7）	设置某一位 GPIO 的驱动能力

有了以上的预备知识，就可以开始编码的工作了。由于本例子主要是演示 GPIO 的使用，重点不在逻辑控制，所以使用比较简单的爆闪方式实现 LED 的亮灭。

【程序 14.4】

GPIO.c

```
1        #include <stdio.h>
2        #include <stdlib.h>
3        #include <fcntl.h>
4        #include <string.h>

5        #define GPJ0 "/dev/gpJ0"

6        int main()
7        {
```

```
8          int fd;
9          fd = open(GPJ0, O_RDWR);     // GPIO J0
10         if(fd<0)
11         {
12             perror(GPJ0);
13             exit(EXIT_FAILURE);
14         }

15         int i;
16         for (i=0;i<=1;i++)
17         {
               ioctl(fd,0x01,i);       //设置 J0_0、J0_1 为输出端口
18             ioctl(fd,0x22,i);       //使能 J0_0、J0_1 为内部上拉电阻
19             ioctl(fd,0x32,i);       //设置 J0_0、J0_1 为强输出模式
20         }
21
22         for(i=0;i<100;i++)
23         {
24             ioctl(fd,0x11,0);       //设置 J0_0 输出 1
25             ioctl(fd,0x11,1);       //设置 J0_1 输出 1

26             sleep(1);

27             ioctl(fd,0x10,0);       //设置 J0_0 输出 0
28             ioctl(fd,0x10,1);       //设置 J0_1 输出 0

29             sleep(1);
30         }


31         close(fd);

32         return EXIT_SUCCESS;
33     }
```

交叉编译程序，复制到网关上运行，即可看到外接 LED 以 1 秒的间隔一亮一灭。

小结

本章介绍了两个独立的知识：串行通信和 GPIO。

串行通信由于其体积小、速率快，常常被用于嵌入式系统的短距离的通信中。本章介绍了串行通信的概念、相关协议、Linux 中关于串口的相关函数以及串口通信的一般编程步骤，并通过一个简单的 PC 和网关的串口聊天例子演示了嵌入式 Linux 串口通信的实现方法。

GPIO 作为一种通用 I/O 口，常常被用来控制某些仅需要单个二进制位控制信号的受控设备。本章介绍了 GPIO 的相关概念，包括拉电流、灌电流、上拉电阻等，并以 GPIO 控制外接

LED 为例演示了 GPIO 的一般使用方法。

思考与练习

1．串口通信和并口通信各有什么优缺点？为什么嵌入式系统多用串口通信？
2．查阅相关资料，了解同步通信和异步通信的区别。
3．GPIO 都有哪些用途？

第 15 章　基于 Qt 的嵌入式 Linux GUI 程序设计基础

随着技术的发展，嵌入式系统的性能更加强大，体积更小，可靠性更高，硬件成本也越来越低。嵌入式系统的应用越来越广泛，无论在生活、生产还是管理上都有嵌入式系统的身影。

有些应用场合要求嵌入式系统有良好的人机交互，由此催生了基于嵌入式系统的图形用户界面（GUI，Graphical User Interface）技术。在所有的 Linux 图形用户界面系统中，Qt 是其中的优秀代表，有着广泛的应用。

本章介绍基于 Qt 的嵌入式 Linux 系统图形用户界面程序设计。由于 Qt 是一个庞大的知识体系，单章无法容纳所有的内容，所以本章只给读者朋友介绍 Qt 的基础知识。

15.1　Qt 相关概念

图形用户界面是迄今为止计算机系统中最为友好、成熟的人机交互技术。GUI 直观的显示、简单的操作是计算机得以广泛应用的基础。但长期以来，GUI 技术的发展主要局限在 PC 领域，微软的 Windows 就是 PC 中最成功的图形用户界面操作系统之一。

随着嵌入式系统的应用越来越广泛，很多场合越来越要求嵌入式系统有良好的人机交互。由此催生了嵌入式系统领域的图形用户界面技术。

与 PC 的 GUI 相比，嵌入式系统的 GUI 有其特殊性。在大多数场合，嵌入式系统的硬件都受到体积、成本、性能和功能等方面的限制。同时，嵌入式系统的硬件比较多样化。因此，嵌入式系统的 GUI 应该具备以下特点：

（1）体积小。

（2）运行时所需资源少。

（3）上层接口与硬件无关，具有比较高的可移植性。

（4）高可靠性。

（5）反应速度快。

与 PC 系统中由 Windows 一统天下的局面不同，嵌入式系统有着多种多样的图形用户界面系统，比如 Windows CE、Qt、Microwindows、MiniGUI、Tiny-x、GTK、Open GUI 等。Qt 是其中比较优秀的图形用户界面系统，是一个跨平台的产品，支持 Windows、Linux、各种 UNIX 以及其他一些操作系统。同时，具有面向对象机制及丰富的 API，还可支持 2D/3D 渲染和 OpenGL。

Qt 是一个应用程序开发/运行的框架，使用 C++作为开发语言。有些读者朋友可能觉得“框架”一词比较抽象，难以理解。下面我们以 Windows 和 Linux 的对比来理解“框架”一词。

对于 Windows 而言，图形用户界面是其固有的、不可分割的一部分。同时，也是其对应用程序提供的软件资源之一。也就是说，Windows 以控件的形式向应用程序提供按钮、菜单、列表等元素。如果应用程序需要一个按钮，就只需要向 Windows 申请，告诉 Windows 按钮的位置、大小、式样以及事件函数等参数即可。应用程序不用管绘制按钮、产生事件、调用事件函数这种基础的工作，这些工作完全由 Windows 负责。这样就大大减轻了应用程序开发人员的工作量，使得开发人员能把主要精力集中在程序的业务逻辑上。

Linux 则不同，虽然可以在 Linux 下编写图形界面程序，但是 Linux 内核本身不具备图形界面系统。如果不借助任何其他渠道编写 Linux 下的图形界面程序，程序员就需要在代码里完成所有绘制和维护图形界面的基础工作。Qt 框架相当于插入到应用程序和 Linux 内核之间的中间层，像 Windows 一样帮助程序开发人员完成了图形界面的底层工作，以资源的形式向应用程序提供图形界面的各元素。有了 Qt 框架后，图形界面应用程序就不用自行绘制按钮、菜单等控件，而是直接调用 Qt 的类、函数或接口。而且，由 Qt 生成的控件还会提供相关的事件接口，应用程序只需要在相应的接口里填上自己的业务处理代码即可。接口与控件的绑定、事件发生时对代码的调用这些工作由 Qt 框架自动完成。

Qt 框架包括 Qt 开发环境和运行环境，使用 Qt 开发环境编写的应用程序在运行时需要 Qt 运行环境的配合，Qt 框架的示意图如图 15-1 所示。大家注意的是，图 15-1 只是 Qt 框架的一个简单、粗略的示意图，目的在于帮助大家初步理解 Qt 框架，具体内容请大家另行参考其他资料或书籍。

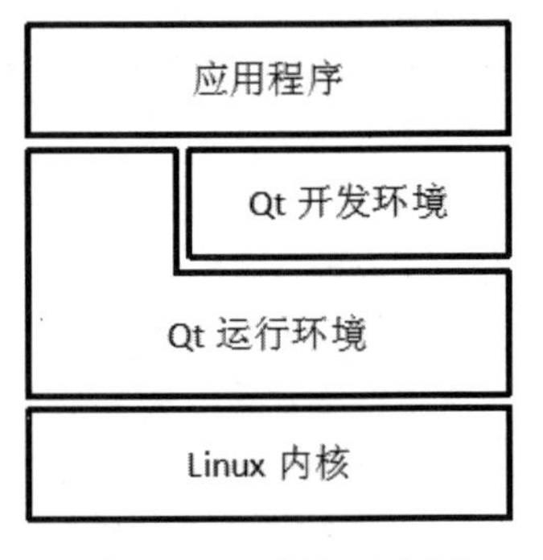

图 15-1　Qt 框架示意图

Qt 框架除了可以开发图形界面应用程序，还可以开发非图形界面的应用程序。Qt 是一个跨平台的框架，支持 Windows、Linux、各种 UNIX 以及其他一些操作系统。

我们查阅 Qt 相关资料时，常常看到 Qt、Qt/E、Qt Creator、Qtopia。它们之间有什么联系和区别呢？

如前所述，Qt 是图形界面应用程序的开发/运行框架。

Qt/E 全称是 Qt/Embedded，是 Qt 专门针对嵌入式（Linux）系统的版本。

Qt Creator 则是类似 Visual Studio 的开发 Qt 应用程序的集成开发工具。

Qtopia 是一个基于 Qt/E，专门针对基于 Linux 的 PDA（个人数字助理）、智能电话（Smartphone）以及其他移动设备开发的图形界面系统和应用程序开发/运行平台。也就是说，Linux+Qtopia 相当于 Windows 操作系统，Qtopia 就是操作系统的图形系统，包括了操作系统所需的完整的图形界面系统和相关的应用程序，以及图形应用程序的运行环境。

为了描述方便，后文把 Qt、Qt/E、Qt Creator、Qtopia 统称为 Qt，但在不同的上下文里，有不同的具体指代。

Qt 最初由挪威的奇趣科技（Tolltech）于 20 世纪 90 年代开发，发展过程一波三折。2008 年，奇趣科技被诺基亚公司收购，Qt 也因此成为诺基亚旗下的编程语言工具。2012 年，Qt 被芬兰的 Digia 公司收购。2014 年 4 月，跨平台集成开发环境 Qt Creator 3.1.0 正式发布，调整和新增了一些功能，实现了对 iOS 的完全支持，并对 Android 的支持做出了调整，至此实现了全面支持 IOS、Linux、Android、Windows、WP。Qt 最初的目标“一次编码，处处编译”也成为现实。

2012 年以前，Qt 随着诺基亚一起沉沦。投入 Digia 怀抱后，到 2013 年，Qt 的发展已经回到了正轨，目前 Qt 在全球拥有超过 50 万名的开发者。

Qt 是一个完整的框架，所包含的知识和技术多而繁杂。安装、配置和移植等前期工作也非三言两语能说清楚。鉴于此，本章并不打算从零开始详细讲述 Qt，而是使用凌阳科技已经安装和配置好 Qt、Qt Creator 的 Linux 发行版 Ubuntu10.10 虚拟机，讲解 Qt 的基础概念和基本的应用程序开发方法。此外，凌阳科技的 ARM Linux 网关也已经安装、配置好 Qt/E，将在 Ubuntu10.10 上交叉编译后的 Qt 应用程序复制到网关即可直接运行。

15.2　最简单的 Qt 应用程序 Hello world!

【项目 15.2】

把凌阳矩阵实验箱附带光盘中的 Ubuntu10.10 虚拟机复制到 PC 硬盘的某个目录。使用虚拟机平台 VMare Workstation Player 打开并播放 Ubuntu10.10。

如果虚拟机原来处于挂起状态，则播放后直接进入到桌面。如果虚拟机原来处于关机状态，则以 unsp 身份登录，预设密码是 111111。如图 15-2 所示是 Ubuntu10.10 的登录界面和登录后的桌面。

图 15-2　登录 Ubuntu10.10

为了管理文件方便，在 unsp 的家目录/home/unsp 下新建目录 Qt，用于保存后面所有的 Qt 例子。

Ubuntu 桌面上放置了 Qt Creator 的图标，双击图标，或者通过系统菜单“应用程序/编程/Qt Creator”都可以打开 Qt Creator。Qt 启动完成后，如图 15-3 所示，主窗口中间出现名为 Qt Creator 的欢迎界面，这个界面并不影响其他操作。

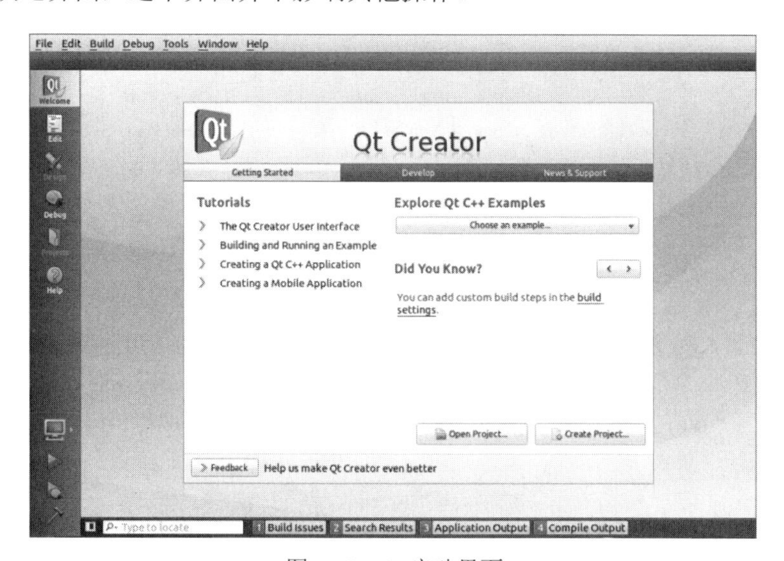

图 15-3　Qt 启动界面

在 Qt 里，项目指的就是开发一个应用程序或其他系统时所需要的文件的集合，其中包括源代码、头文件、配置文件以及其他文件。

通过选择菜单 File/New File or Project...或单击欢迎界面上的 Create Project...按钮新建项目。如图 15-4 所示，在新项目模板里，选择 Qt C++ Project/Qt Gui Application。

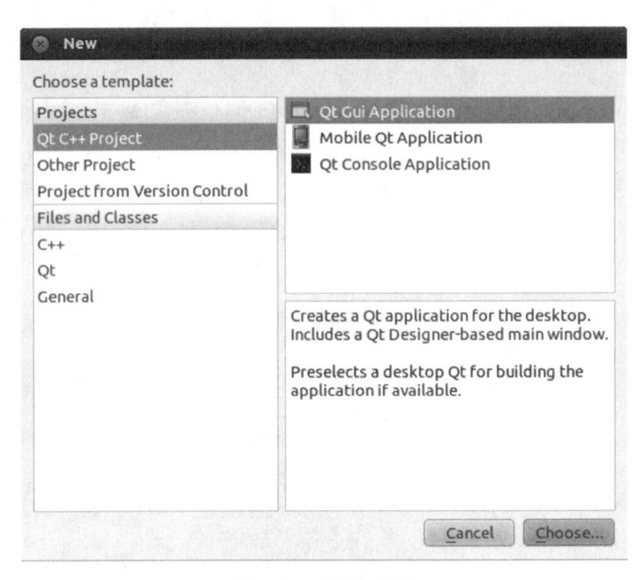

图 15-4　新建项目

如图 15-5 所示，把项目命名为 helloworld。

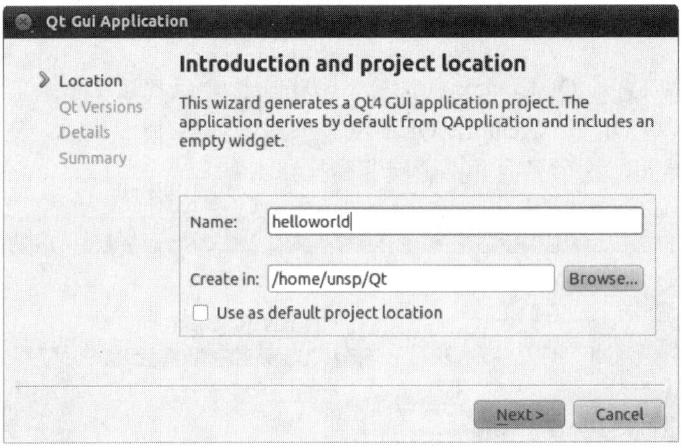

图 15-5　命名项目为 helloworld

前面已经说过，Qt 是“一次编码，处处编译”。由于 Ubuntu 10.10 同时安装了 PC 和 ARM A8 版 Qt/E 开发环境，所以 Qt 有两个编译版本选项：Qt 4.7.0 OpenSource、Qt for A8。如图 15-6 所示，其中“Qt 4.7.0 OpenSource”是指把程序编译成 PC Linux 版本；Qt for A8 是指把程序编译成 ARM A8 Linux 版本。由于 helloworld 程序没有涉及到嵌入式系统的任何专用硬件，所以 helloworld 的代码既适用于 PC Linux，也适用于 ARM Linux。把两个编译版本都选上，让程序先在 PC Linux 上试运行，再复制到 ARM Linux。

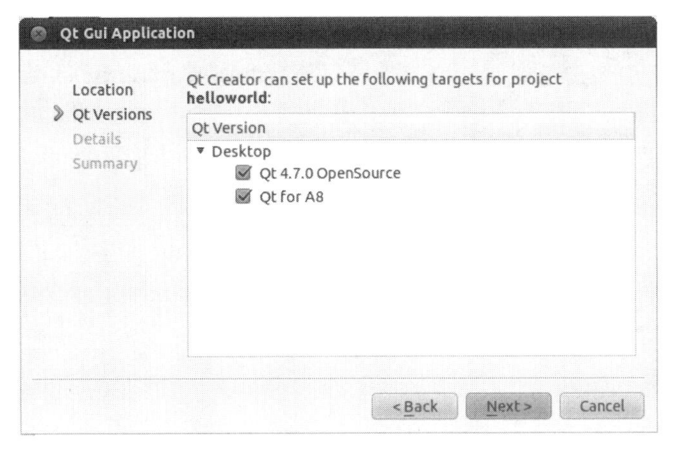

图 15-6　选择两个编译版本

Qt 是基于 C++的编程系统，C++是基于类的面向对象语言，在 Qt 里，主窗口就是一个类对象。在新建项目的类信息对话框里，可以通过选择继承自不同的基类来创建不同类型的主窗口。Qt 提供了 3 个基类：QMainWindow、QWidget、QDialog。QMainWindow 是我们常见的窗口类型，可以拥有菜单、工具栏和状态栏等；QWidget 是相对简约的窗口，默认没有菜单、工具栏和状态栏；QDialog 则是对话框类型的窗口。由于 helloworld 不需要菜单、工具栏和状态栏，所以主窗口的基类（Base class）选择为 QWidget，如图 15-7 所示，主窗口的类名和文件名采用默认值。

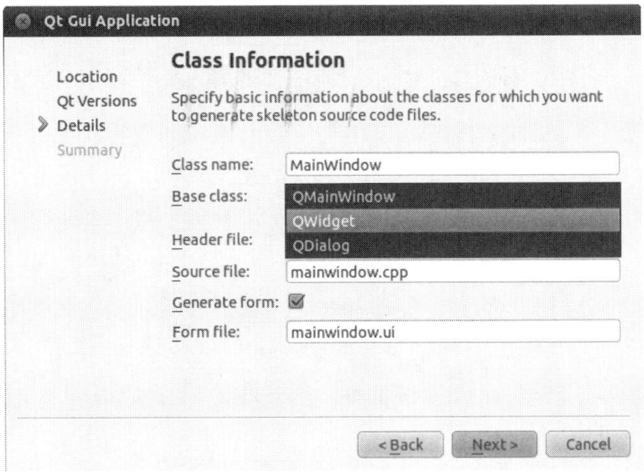

图 15-7　选择主窗口基类

Qt Creator 的开发界面如图 15-8 所示，有点类似于 Windows 下的 Visual Studio，但也有不同之处。

左边的第 1 栏是固定栏，包含了切换开发界面组按钮、编译组按钮。如图 15-9 所示的界面是设计界面。可以通过切换开发界面组按钮切换成代码编辑界面、调试界面等。在编译组里可以选择编译的版本、编译项目、运行程序等。

在设计界面里，左边是控件栏，中间是窗体设计画布，右边是控件属性。还有其他一些布局，使用过 Visual Studio 的读者朋友对这样的界面应该不陌生，在此不再多说。

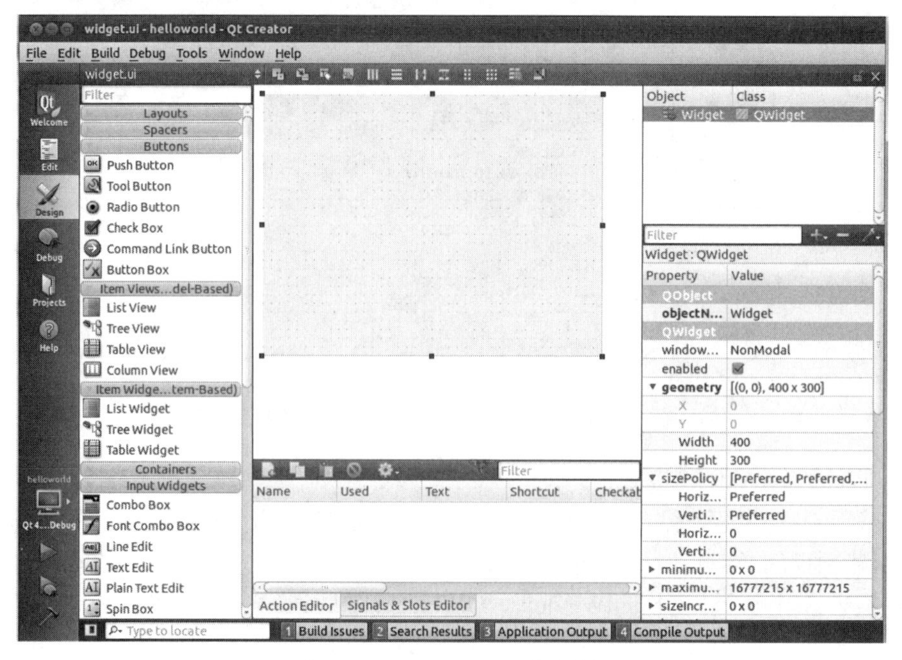

图 15-8　Qt Creator 开发界面

熟悉了 Qt Creator 后，下面开始做窗体的界面设计。如图 15-9 所示，在窗体上放置一个标签 QLabel，两个按钮 QPushButton。它们的属性设置如表 15-1 所示。其中，text 属性除了可以在属性窗口设置外，还有个快捷方式，在控件上双击左键就可以在控件上直接修改。

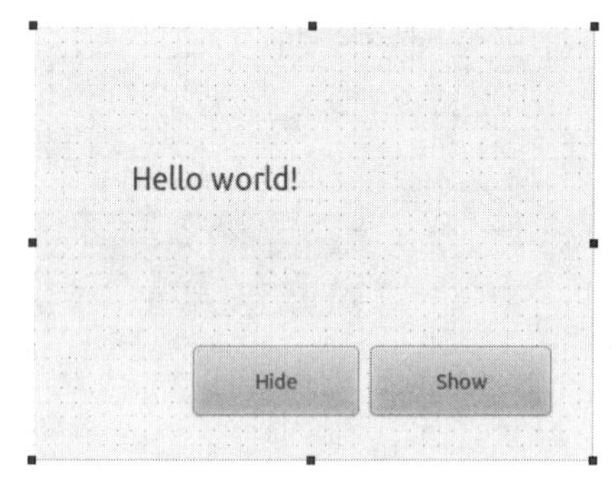

图 15-9　窗体设计

表 15-1　【项目 15.2】控件属性设置

控件类	属性名	属性值	意义
QLabel	objectName	label【默认】	控件名字
	text	Hello world!	显示的文本
QPushButton	objectName	pbHide	控件名字
	text	Hide	显示的文本
QPushButton	objectName	pbShow	控件名字
	text	Show	显示的文本

因为程序需要在网关上运行，网关没有专门的鼠标，而是配备的触摸屏，使用手指点击按钮，所以大家最好把按钮的尺寸设置得大一些，以免点击时发生定位困难。

如图 15-10 所示，点击窗体上方的 Edit Signals/Slots 工具栏按钮，进入到信号和槽的编辑模式。所谓信号和槽，相当于 Visual Studio 中的事件和事件处理函数。

把鼠标指针移动到 Hide 按钮上，按钮会变成红色，按下左键不松开，移动鼠标指针，有一个自 Hide 按钮出发的箭头随着鼠标指针移动而移动，如图 15-11 所示。把鼠标指针移动到 Hello world!标签上，松开左键，Qt Creator 弹出 Configure Connection 对话框。

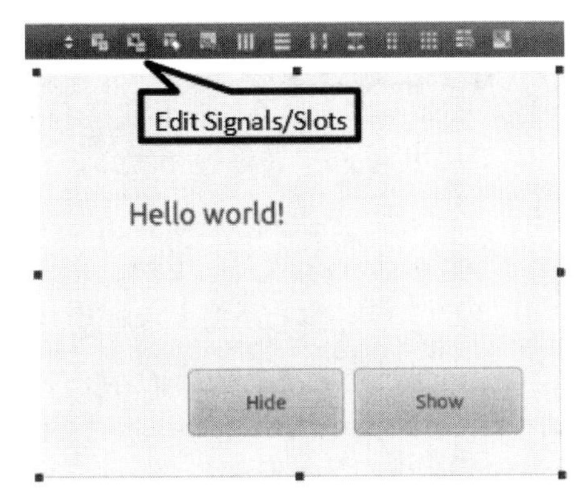

图 15-10　进入信号和槽编辑模式

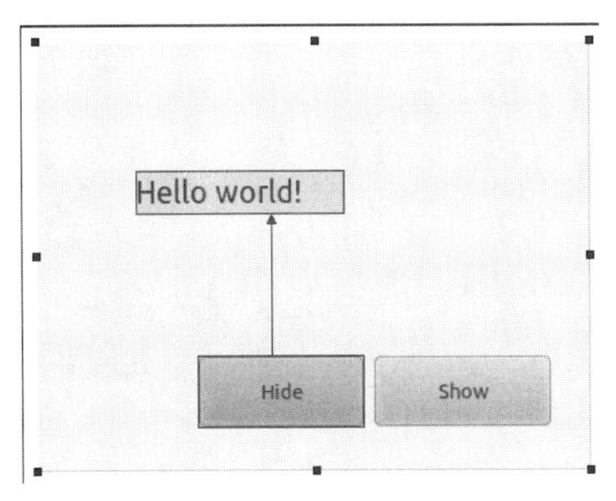

图 15-11　编辑信号和槽 1

如图 15-12 所示，勾选 Show signals and slots inherited from QWidget 复选框，在 pbHide 列表框中选择 clicked()，在 label 列表框中选择 hide()，然后点击 OK 按钮。我们就在 Hide 按钮的单击事件（信号）和 Hello world!标签的隐藏操作（槽）之间建立了关联。使用同样的方法，在 Show 按钮的 clicked()和 label 的 show()之间建立关联。

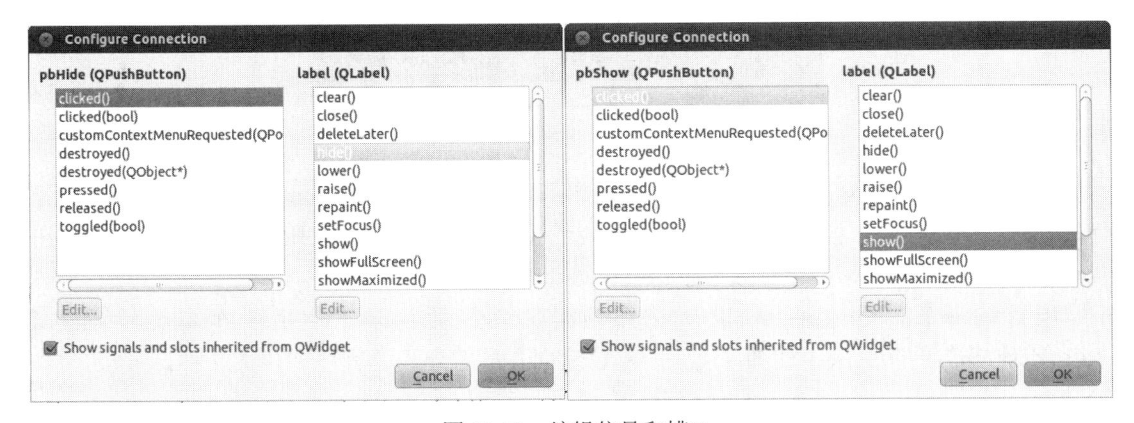

图 15-12　编辑信号和槽 2

完成信号和槽的关联后，在信号和槽编辑状态下的窗体设计器如图 15-13 所示。

如图 15-14 所示，点击工具栏中 Edit Signals/Slots 按钮左边的 Edit Widgets 按钮，退出信号和槽的编辑模式，回到正常的窗体设计模式。

至此，第一个最简单的 Qt 应用程序就完成了，这个应用程序没有任何人工书写的代码。

可以通过编译组按钮中的版本选择按钮选择编译的版本，方法如图 15-15 所示，点击编译选项按钮，在弹出的对话框中点击 Build 下拉列表。由于创建 helloworld 项目时同时选择了 PC Linux 版本和 ARM Linux 版本，这时候 Build 里出现了 4 个选项，这 4 个选项分为两组，分别针对 PC Linux 和 ARM Linux。每一组里又分为 Debug 版本和 Release 版本。Debug 版本在程序里增加了调试信息，方便调试。Release 版本不含调试信息，有效地缩减了程序的体积，加快了程序的运行速度。一般而言，在开发阶段选择 Debug 版本，在发布时选择 Release 版本。Qt Creator 默认选择 PC Linux Debug 版本，即 Qt 4.7.0 OpenSource Debug。

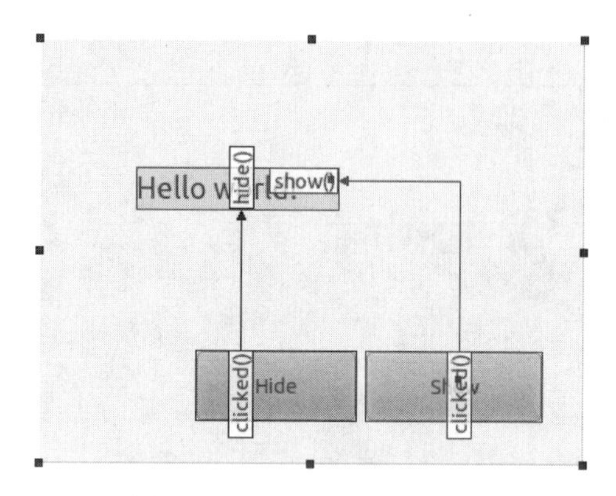

图 15-13　关联后的信号和槽

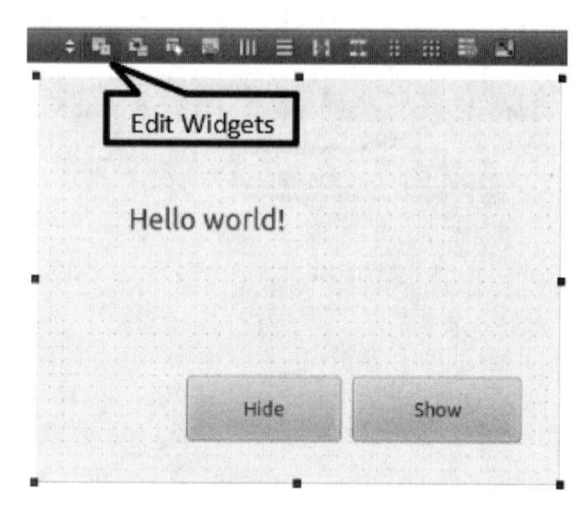

图 15-14　回到窗体设计模式

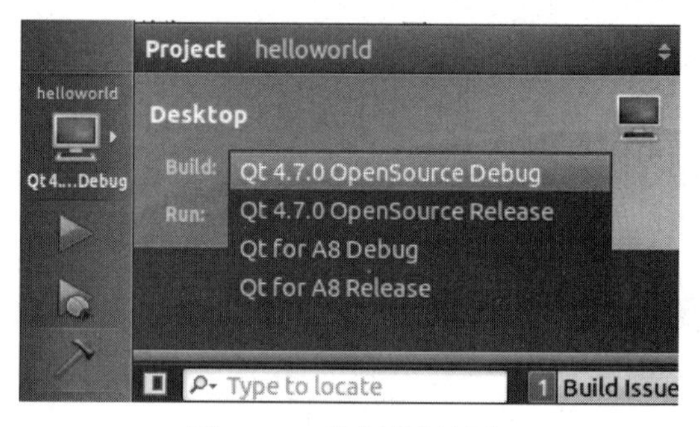

图 15-15　选择编译版本

使用默认编译版本，点击绿色的三角形按钮，即可编译并在 Ubuntu 中运行程序。虽然没有人工写过任何代码，但程序很好地实现了我们预设的功能，点击 Hide 按钮可以隐藏 Hello world!标签，点击 Show 按钮可以显示 Hello world!标签。

项目编译后，Qt Creator 默认在和项目的同级父目录下生成一个名为“项目名-build-desktop”的新目录，如图 15-16 所示，里面存放编译后的程序和相关文件。

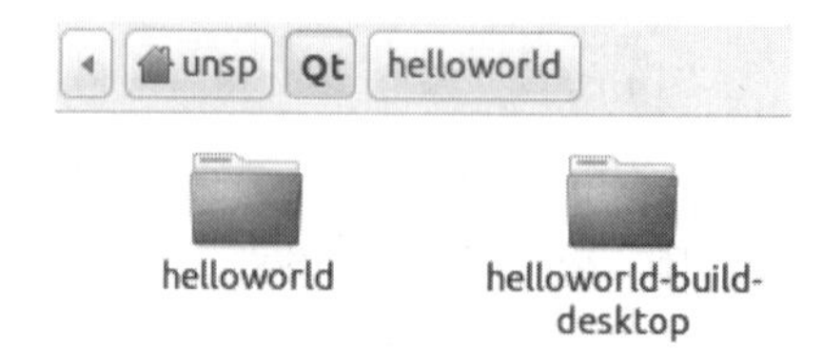

图 15-16　默认编译目录

把项目的编译版本选项改为 ARM Linux 版本（由于项目非常简单，不存在业务逻辑错误，所以不需要调试；另一方面，由于项目非常小，加入调试信息也不会影响最终程序的运行速度。所以可任意选为 Debug 版和 Release 版）。需要注意的是，选择 ARM Linux 版本后，由于所针对的 CPU 不同，再也不能通过点击绿色的三角形（运行）按钮和带灰点的绿色三角形（调试）按钮编译并运行程序，只能通过点击最下面的锤子按钮把项目单独编译而不运行。

Qt Creator 通过 make（Qmake）管理项目，之所以有时候改变编译版本后单击编译按钮并不重新编译，这是因为选择编译版本并不会改动源文件，Qt Creator 认为上次编译后的程序已是最新版本，无需重新编译。解决的办法是编译前把目录 helloworld-build-desktop 整个删除。

重新编译后，把程序（即如图 15-17 所示，helloworld-build-desktop 目录下的 helloworld 文件）复制到嵌入式 Linux 开发板上，如图 15-18 所示，在终端上运行程序，即在触摸屏幕上显示出程序的图形用户界面，如图 15-19 所示。

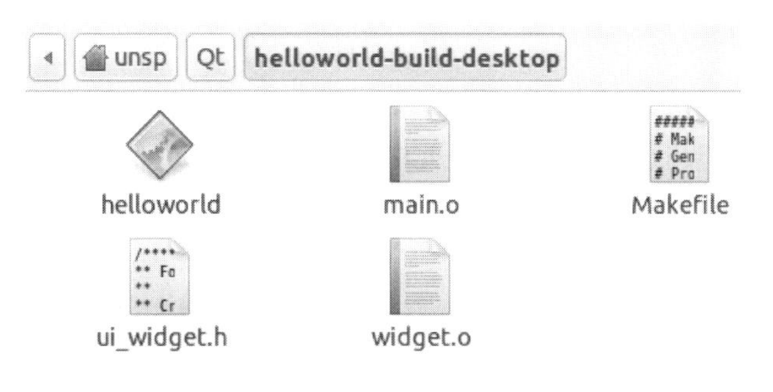

图 15-17　编译后的程序

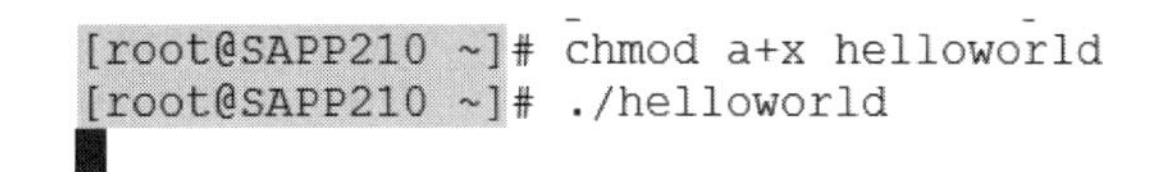

图 15-18　在终端上运行程序

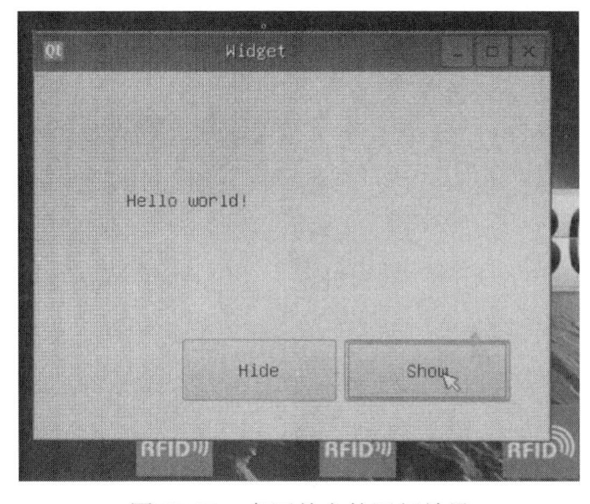

图 15-19　在网关上的运行效果

15.3　人工编码的 Hello world!程序

【项目 15.3】

【项目 15.2】虽然不用人工编码也实现了预设的功能，但在实际的应用中都需要通过人工编码来实现复杂的业务逻辑。下面我们在【项目 15.2】的基础上进行改动，通过人工编码实现和【项目 15.2】同样的功能，以此简单的例子来初步了解 Qt Creator 的编码过程。将项目重新命名为【项目 15.3】。

首先把原项目中信号和槽的关联删除，切换到信号和槽编辑模式，用右键点击信号和槽的关联线，在弹出的上下文菜单里选择 Delete，如图 15-20 所示。用同样的方法删除掉两个关联。

在编码之前，需要了解一下整个项目的文件组织。如图 15-21 所示，显示在 Qt Creator Projects 里的共有 5 个文件：其中 helloworld.pro 是项目文件；widget.ui 是 XML 格式的窗体布局文件；头文件 widget.h 是窗体的定义文件；widget.cpp 是窗体代码文件（C++源程序文件的默认扩展名为.cpp），后面的槽函数代码即在此文件中编写；main.cpp 是整个项目的启动代码。

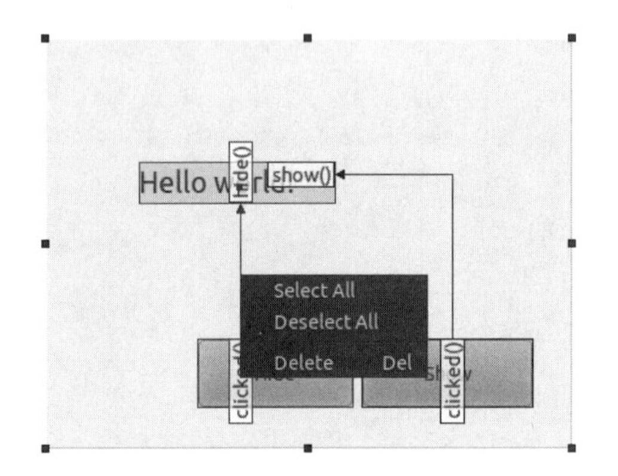

图 15-20　删除信号与槽的关联

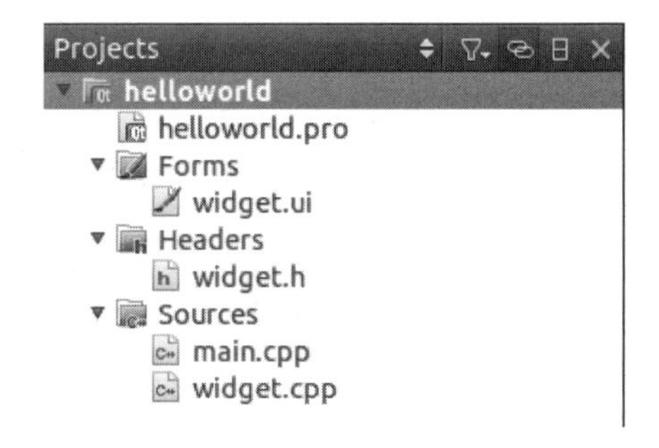

图 15-21　项目文件组织

返回窗体设计模式。用右键点击 Hide 按钮，在弹出的上下文菜单里选择 Go to slot...，如图 15-22 所示。

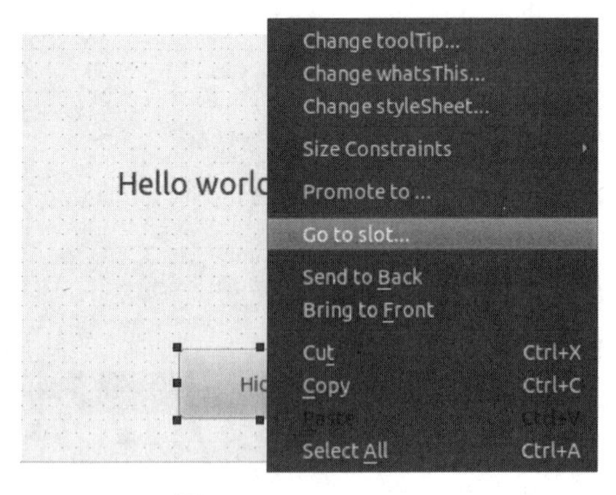

图 15-22　Go to slot...

在弹出的 Go to slot 对话框的 Select signal 列表框里选择 clicked()，如图 15-23 所示。

Qt Creator 自动生成如图 15-24 所示的槽函数框架 on_pbHide_clicked()，并自动地把该槽函数与 Hide 按钮的 clicked()信号关联起来。我们只需要和编写 Visual Studio 的事件函数一样编写槽函数的代码即可。当然，这里编写的槽函数的代码非常简单，只有一个语句，就是把 Hello world!标签隐藏。

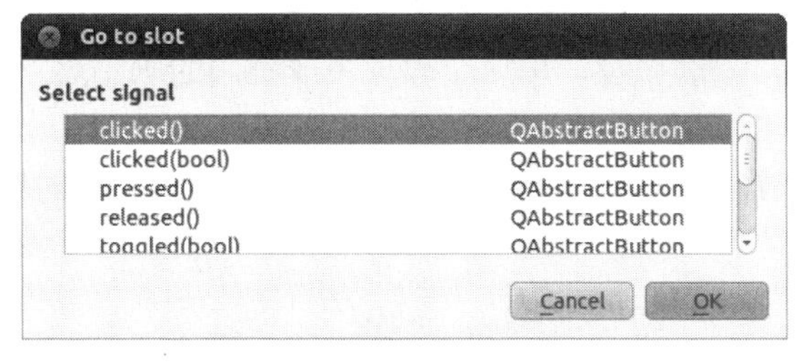

图 15-23　选择 clicked()信号

```
void Widget::on_pbHide_clicked()
{

}
```

图 15-24　槽函数框架

使用同样的方法并编写生成 Show 按钮的与 clicked()信号关联的槽函数。

编写完成槽函数后，整个 widget.cpp 文件内容如下：

widget.cpp

```
1    #include "widget.h"
2    #include "ui_widget.h"

3    Widget::Widget(QWidget *parent) : QWidget(parent), ui(new Ui::Widget)
4    {
5        ui->setupUi(this);
6    }

7    Widget::~Widget()
8    {
9        delete ui;
10   }

11   void Widget::on_pbHide_clicked()
12   {
13       this->ui->label->setVisible(false);
14   }

15   void Widget::on_pbShow_clicked()
16   {
17       this->ui->label->setVisible(true);
18   }
```

程序解读：

整个代码中，只有加粗的第 13、17 行是我们编写的代码，其余代码由 Qt Creator 自动生成。在第 13、17 行代码里，this 指代窗体对象，ui 指代窗体的图形界面，label 是 Hello world!标签对象，setVisible()是 label 的成员函数，用于设置 label 的可见性。

C++是面向对象的程序设计语言。所谓对象，是程序设计语言用来模拟现实世界中的实物的一种机制。比如一个名为“张三”的人就是一个对象。对象可以有属性和行为，比如在一个工资管理系统里，每一个具体的职工都有职位、性别、年龄、工龄等属性，同时每一个具体的职工都有请假、辞职、升职等行为。在对象中，属性以变量的形式存在，行为以函数的形式存在。行为函数一般称为对象的成员函数或方法。属性和方法统称为对象的成员。

由于工资系统中每个职工都具有相同的属性和行为，所以每个职工都属于同类型的对象。为了方便，生成职工对象之前先定义一个职工对象的模板，由这个模板生成不同的职工对象，这个模板叫作类。

在 C++中，对象可以由名字或指针引用。当以名字引用对象时，对象的属性和方法的使用形式为：

```
对象名.属性
对象名.方法()
```

假设职工对象有年龄属性 age，请假行为 ask_for_leave(int 天数)，有个名为 zhangsan 的职工对象，则

```
zhangsan.age
```

表示引用 zhangsan 的年龄；

```
zhangsan.ask_for_leave(3)
```

表示引用 zhangsan 请假 3 天。

如果以指针引用一个对象，则对象的属性和方法的使用形式为：

```
对象指针->属性
对象指针->方法()
```

在上面的例子中，如果 zhangsan 不是职工对象的名字，而是指针，则属性和行为的使用方法为：

```
zhangsan->age
zhangsan->ask_for_leave(3)
```

类和对象的引入使得程序代码更符合现实世界的样子，使得大型系统的逻辑更加清晰，也更容易理解。

有了对象的基本知识，大家再回头看 widget.cpp 的代码就容易明白了。

至此，【项目 15.3】已经完成，可以编译成 PC Linux 版本在 ubuntu 中直接运行，也可以编译成 ARM Linux 版本再复制到嵌入式 Linux 开发板中运行。程序的运行效果和【项目 15.2】是一样的，请参考如图 15-19 所示的运行效果截图。

15.4 图形界面控制 LED

【项目 15.4】

上面的 Helloworld 程序没有涉及到嵌入式系统的特定硬件，下面我们编写一个应用程序，利用图形界面控制开发板上的 LED。

在 Qt Creator 里新建一个名为 QtLED 的项目（如果 helloworld 项目还处于打开状态，在新建项目前使用 File 菜单的 Close All 菜单项，关闭 helloworld 项目以及打开的所有文件）。因

为 QtLED 是在嵌入式 Linux 上运行的程序，所以在版本选择时一定要勾选 Qt for A8，为了方便调试，可顺便勾选 Qt 4.7.0 OpenSource。由于程序比较简单，在类信息对话框里选择基类时，仍然使用 QWidget 作为窗体的基类。

窗体的界面布局如图 15-25 所示。其中，4 个标签控件均拉成大小相同的正方形。

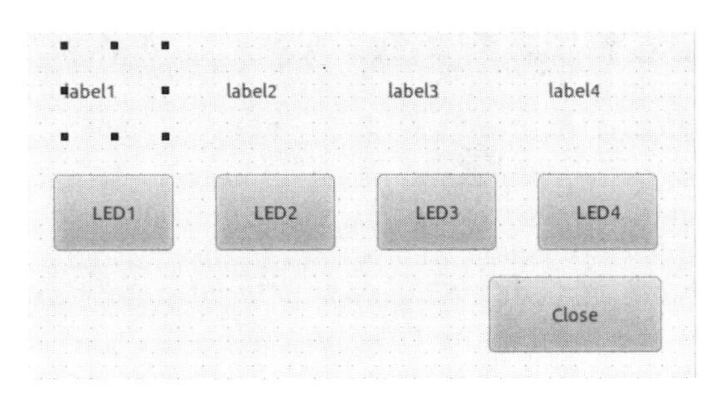

图 15-25 QtLED 界面布局

各控件的属性设置见表 15-2。

表 15-2 【项目 15.4】控件属性设置

控件类	控件	作用	属性名	属性值	意义
QLabel	label1	显示 LED1 当前状态	objectName	label1	标签名字
			text	label1	显示的文本
	label2	显示 LED2 当前状态	objectName	label2	标签名字
			text	label2	显示的文本
	label3	显示 LED3 当前状态	objectName	label3	标签名字
			text	label3	显示的文本
	label4	显示 LED4 当前状态	objectName	label4	标签名字
			text	label4	显示的文本
QPushButton	LED1	切换 LED1 状态（亮变灭，灭变亮）	objectName	pushButton1	按钮名字
			text	LED1	显示的文本
	LED2	切换 LED2 状态（亮变灭，灭变亮）	objectName	pushButton2	按钮名字
			text	LED2	显示的文本
	LED3	切换 LED3 状态（亮变灭，灭变亮）	objectName	pushButton3	按钮名字
			text	LED3	显示的文本
	LED4	切换 LED4 状态（亮变灭，灭变亮）	objectName	pushButton4	按钮名字
			text	LED4	显示的文本
	Close	关闭程序	objectName	pbClose	按钮名字
			text	Close	显示的文本

注：1. 通常情况下都是以名字作为一个控件的标识。但为了方便与图 15.24 对照，表中的“控件”一栏直接标示的显示文本。

2. 例子中标签的显示文本在程序运行时无实质性用途，这里设定显示文本只是为了在窗体设计时方便区分 4 个标签。

程序的功能如图 15-26 所示，同一组的标签和按钮对应同编号的 LED。比如，LED1 按钮、label1 标签对应第 1 盏 LED。点击按钮，对应的 LED 在亮和灭两种状态间切换，label 使用不同的图片显示对应的 LED 的状态，红色图片表示 LED 当前为亮，灰色图片表示 LED 当前为灭。

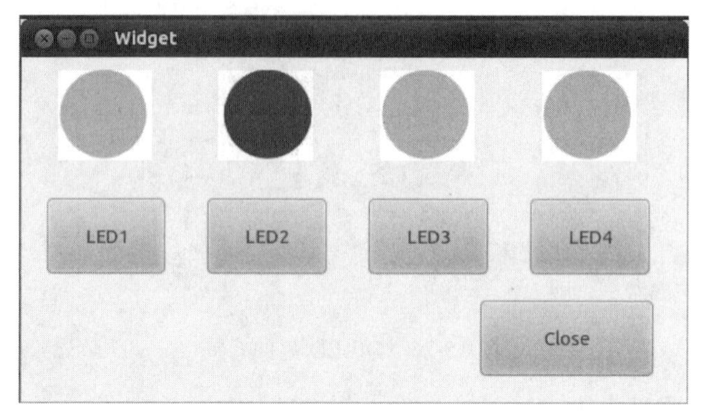

图 15-26　程序功能

由于程序稍微有一点点复杂，所以，我们在开始编码之前先整理一下程序的业务逻辑。图 15-27 是程序的业务逻辑示意图。

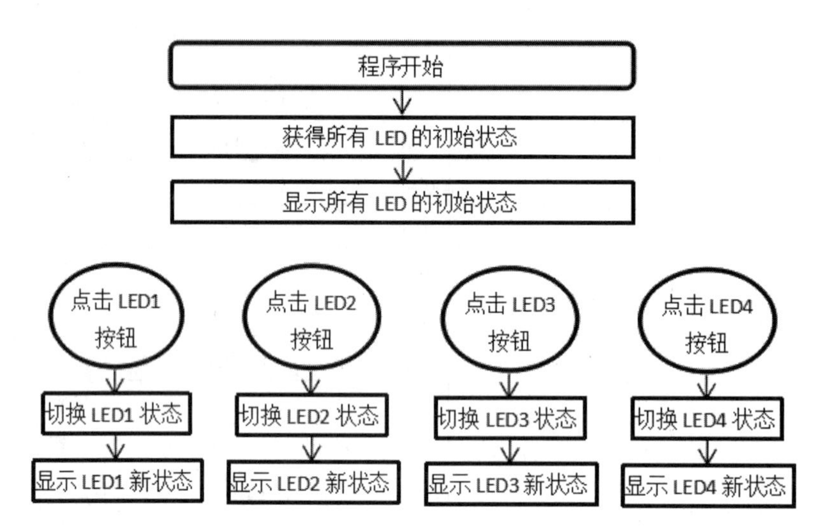

图 15-27　程序业务逻辑

从业务逻辑图上可以清楚地看到，点击 LED1～LED4 中的任意一个按钮，除了被操作的 LED 不同，功能都是一样的。这样，我们就没有必要把同样的功能重复 4 次分别写到 4 个按钮的槽函数里，而是把这些功能独立成函数，再由槽函数调用，把被操作的 LED 作为参数传递给函数。

由于每次程序启动前 LED 的状态可能不同，不能想当然地认为程序启动时所有 LED 都是灭的，所以有必要在程序启动时获取 LED 的初始状态，以使得标签的显示与实际相符。此外，除了在程序启动时需要获得和显示 LED 状态外，还有可能在其他地方也需要获得和显示 LED 状态。为了减少重复代码，提高重用性，我们把获得 LED 状态和显示 LED 状态的功能也独立成单独的函数。

在切换某个LED的状态时，按理说需要先从设备文件读出该LED的当前状态再进行切换。假设系统中只有我们的程序在使用 LED，也就是说，LED 的当前状态完全保持着上一次切换后的状态，中间不会因为其他原因发生改变。为了方便，在程序中设置一个变量，用来保存 LED 的最新状态。这样，每次获取 LED 状态时无需读设备文件，只需要读 LED 的状态变量即可。

整理出大概的思路后就可以开始编码的工作，在编码的过程中可能会对以上思路进行细化，如图 15-27 所示的每个框图中的功能可能会由一个或多个函数来实现。

以上所有的变量和函数都是窗体的成员。在 Qt 中，窗体是一个对象，而对象是由类所产生的。因此，应该把上述变量和成员函数定义在窗体类中。修改后的窗体类定义文件 widget.h 如下。

widget.h

```
1	#ifndef WIDGET_H
2	#define WIDGET_H

3	#include <QWidget>

4	namespace Ui {
5		class Widget;
6	}

7	class Widget : public QWidget
8	{
9		Q_OBJECT
10
11	public:
12		explicit Widget(QWidget *parent = 0);
13		~Widget();
14
15	private:
16		Ui::Widget *ui;

17		unsigned char ledStat;

18		void switchLedStat(int ledNo);
19		int setLed();
20		void showLedStat(int ledNo);
21		void showAllLedStat();
22		int getLedStat();

23	private slots:
24		void on_pushButton4_clicked();
25		void on_pushButton3_clicked();
26		void on_pushButton2_clicked();
```

```
27          void on_pushButton1_clicked();
28          void on_pbClose_clicked();
29      };

30      #endif // WIDGET_H
```

程序解读：

代码中，加粗的 6 行是人工编写的代码（下同），其余都由 Qt Creator 自动生成。

第 7 行是一个类定义的开始行，表示定义了一个名为 Widget 的类，该类继承自父类 QWidget。

继承是面向对象程序设计中很重要的一个思想，由生物界的继承衍生而来。比如某个人，鼻子像爸爸，眼睛也像爸爸，我们说这个人的这些特性都继承自他爸爸。所谓继承，就是某一个类由其他类派生而来，从而自动具有了被派生的类的某些特性（包括属性和方法，以及其他的成员）。被继承的类被称为父类或基类，继承的类被称为子类。在程序设计中，继承可以减少大量的重复代码。假设一个教务管理系统，里面有教师类和学生类，它们有各自独有的属性（举例为了简单，只列出属性，而忽略方法，实际上方法也是可以继承的），比如教师有教龄、职称，学生有学号、所属班级。除此之外，两者还拥有大量共同的属性，比如年龄、性别等。这样，在设计时，可以先定义一个教师和学生的共同父类，把共同属性定义在父类里，教师类和学生类继承该父类，再在各自的类里定义自己的属性。

Widget 类的定义自第 7 行开始，到 29 行结束。

public、private 是类成员的可见性修饰符。所谓可见性，打一个比方，一个人，有些事情可以公开给其他人知道，有些事情则属于自己的隐私。比如性别，可以让所有人知道，但存款则不宜公开。public 修饰的成员对所有代码可见，private 修饰的成员只限类内代码可见。

在自定义的代码中，第 17 行的 ledStat 是一个变量，用来保存 LED 的当前状态。

第 18～22 行是操作 LED 的成员函数。其中，switchLedStat()用来切换某个 LED 的状态；showLedStat()用来在相应的标签上显示某个 LED 的当前状态；showAllLedStat()则用来显示所有 LED 的当前状态；getLedStat()用来获取所有 LED 的当前状态并记录在变量 ledStat 中；setLed()用来把所有 LED 切换到最新状态。在实际应用中，每个 LED 都是单独改变状态，但由于 LED 的驱动程序不提供单独控制某个 LED 的接口，所以，即使只改变其中一个 LED，也需要把所有 LED 的状态一起写入设备文件。

对于成员函数，类定义只是声明了函数原型，函数的具体实现则放在对应的 widget.cpp 中。widget.cpp 的完整代码如下：

widget.cpp

```
1       #include "widget.h"
2       #include "ui_widget.h"
3       #include <fstream>
4       #include <ios>

5       #define LED_FILE "/dev/sapp210-led"

6       using namespace std;
```

```
7       Widget::Widget(QWidget *parent) :
8           QWidget(parent),
9           ui(new Ui::Widget)
10      {
11          ui->setupUi(this);

12          //////自定义构造（启动）代码///////
13          if (this->getLedStat()!=-1)
14          {
15              this->showAllLedStat();
16          }
17      }

18      Widget::~Widget()
19      {
20          delete ui;
21      }

22      ////////////自定义方法（成员函数）/////////////////

23      int Widget::getLedStat()
24      {
25          int result=0;
26          ifstream fled(LED_FILE,ios::binary);
27          if (!fled)
28              result=-1;
29          else
30          {
31              fled>>this->ledStat;
32              fled.close();
33          }

34          return result;
35      }

36      int Widget::setLed()
37      {
38          int result=0;
39          ofstream fled(LED_FILE,ios::binary);
40          if (!fled)
41              result=-1;
42          else
43          {
44              fled<<this->ledStat;
45              fled.close();
46          }
```

```
47          return result;
48      }

49      void Widget::switchLedStat(int ledNo)
50      {
51          unsigned char c=0b00000001;
52          c=c << (ledNo-1);
53          ledStat=ledStat ^ c;
54          setLed();
55          showLedStat(ledNo);
56      }

57      void Widget::showLedStat(int ledNo)
58      {
59          if (ledNo<1 && ledNo>4) return;
60          QLabel *label;
61          switch(ledNo)
62          {
63          case 1:
64              label=ui->label1;
65              break;
66          case 2:
67              label=ui->label2;
68              break;
69          case 3:
70              label=ui->label3;
71              break;
72          case 4:
73              label=ui->label4;
74              break;
75          }
76          unsigned char c=0b00000001;
77          c=c<<(ledNo-1);
78          if((ledStat & c)>0)
79              label->setPixmap(QPixmap("./led_on.jpg"));
80          else
81              label->setPixmap(QPixmap("./led_off.jpg"));
82      }

83      void Widget::showAllLedStat()
84      {
85          for(int i=1;i<=4;i++)
86              showLedStat(i);
87      }
```

```
88      //////////////LED 按钮的槽函数//////////////////////////
89      void Widget::on_pushButton1_clicked()
90      {
91          switchLedStat(1);
92      }
93      void Widget::on_pushButton2_clicked()
94      {
95          switchLedStat(2);
96      }
97      void Widget::on_pushButton3_clicked()
98      {
99          switchLedStat(3);
100     }
101     void Widget::on_pushButton4_clicked()
102     {
103         switchLedStat(4);
104     }
105     ///////////关闭按钮的槽函数//////////////////////////
106
107     void Widget::on_pbClose_clicked()
108     {
109         close();
110     }
```

程序解读：

在程序中，第 3、4 行是 C++读写文件需要包含的两个头文件。为了与 C 区别，C++开发环境内置的头文件去掉了.h 扩展名。

第 5 行以常量的形式定义了 LED 的设备文件名。

第 6 行是引用命名空间 std。在本书中，这是第 1 次提到命名空间。什么是命名空间呢？所谓“命名空间”，也叫做“名字空间”，是为了避免程序中的名字冲突所设置的一个空间限定符。这个定义很抽象，为了方便理解，我们以生活中的例子打个比方。假设同年级同专业有两位同学的名字都叫张三，如果把他们分到同一个班中，后续的很多工作都会引起混淆。为了避免不必要的麻烦，可以把这两位同学分到不同的班里。假设两个班的名字分别为：物联网 1 班、物联网 2 班。第一位张三（为了方便区别，称为张三 A）分到了物联网 1 班；第二位张三（为了方便区别，称为张三 B）分到了物联网 2 班。那么，“物联网 1 班的张三”唯一地指代张三 A，“物联网 2 班的张三”唯一地指代张三 B，没有任何歧义。物联网 1 班和物联网 2 班的作用就类似于命名空间。

命名空间在多人协作开发的大型系统中特别有用。假设程序员 A 开发模块 1，程序员 B 开发模块 2。每个模块都有大量的变量、函数或其他元素，很有可能程序员 A 和程序员 B 都使用了同样的名字来命名各自的变量。假设他们都有一个命名为 var1 的全局变量，把模块 1 和模块 2 合在一起编译链接时，编译系统就无法区分代码中引用的 var1 究竟是程序员 A 定义的 var1，还是程序员 B 定义的 var1。在程序员的角度来看也有同样的烦恼，程序员 A 想使用程序员 B 模块中的 var1 就会无从下手。如果两位程序员都分别把自己所定义的有名字的元素放到自定义的命名空间里，假设程序员 A 定义的命名空间的名字为 namespA，程序员 B 定义的命名空间的名字为 namespB，那么 namespA::var1（C++语法：使用“命名空间::成员”的形式引用某个命名空间里的内容）就唯一地指代程序员 A 定义的变量 var1，namespB::var1 就唯一地指代程序员 B 定义的变量 var1。可以看到，有了命名空间后有效地避免了程序中的名字冲突。

虽然命名空间有效地解决了名字冲突的问题，但在使用过程中又出现了另外的问题。我们假设有这样的情况：程序员 A 需要大量引用程序员 B 定义的变量。按照上面的方法，每次引用时都必须写上程序员 B 定义的命名空间的名字，比如

```
namespB::varB1
namespB::varB2
......
namespB:varBn
```

这样的写法很繁琐，加大了程序员的工作量。假设程序员 A 引用的变量正好和自己定义的变量都没有名字上的冲突，为了简化引用时的写法，程序员 A 可以在程序的开头写上

```
using namespace namespB;
```

这个语句的意思是说，如果代码中出现的某个名字不属于本命名空间，则默认到命名空间 namespB 中查找。有了这个语句，程序员 A 在引用程序员 B 定义的变量时，如果没有冲突，就可以简写为如下形式。

```
varB1
varB2
```

当然，如果需要引用和本命名空间有冲突的变量 var1，还得在变量前面加上命名空间的限定，形如：

```
namespB::var1
```

了解了命名空间，回到第 6 行。std 是 C++开发环境定义的一个命名空间，后面使用的读写文件类 ifstream 和 ofstream 就定义在 std 中。

从第 7 行起直到结尾部分是 widget 成员函数的具体实现。成员函数出现的顺序和声明时的顺序无关。为了阅读和理解上的方便，本例按照类型把函数分成了 4 大块，它们分别是开头的构造函数和析构函数、自定义函数、4 个 LED 按钮的槽函数、关闭按钮的槽函数。程序在自定义函数块、LED 按钮的槽函数块和关闭按钮的槽函数块的开头都做了注释。

类函数在实现的时候需要写上类名作为限定符，语法是

```
返回值类型  类名::方法名(参数表)
```

比如代码中的

```
int Widget::setLed()
```

和

```
void Widget::switchLedStat(int ledNo)
```

第 7～17 行是窗体类的构造函数。所谓构造函数，是该类的对象在生成时首先执行的函

数。构造函数的名字和类同名，没有返回值（也不能返回 void），冒号后面的语句表示在本函数执行前先把参数传递给父类及相关类的构造函数。构造函数不需要人工调用，由系统在对象生成时自动执行，一般用来做一些对象的初始化工作。由于 Widget 类是本项目的窗体类，所以构造函数在窗体生成时被系统调用。第 11 行自动生成的代码用来初始化窗体界面。第 12～16 行用来获取 LED 的初始状态并显示在相应标签上。

~Widget()是类的析构函数，析构函数的形式是“波浪号+类名”，没有参数，也没有返回值。析构函数在类对象被销毁前由系统自动调用，一般用来做一些对象销毁前的清理工作。

自定义的成员函数（自定义方法）部分在分析程序的逻辑时已经做了详细的解释，此处不再赘述。需要说明的是，切换 LED 状态的功能拆分成了两个独立的函数，一个是 switchLedStat()，用来分析 LED 当前状态并切换状态变量的相关位；另一个是 setLed()，完成实际的 LED 状态切换工作。switchLedStat()调用了 setLed()和 showLedStat()完成了 LED 状态切换的所有工作，包括改变变量的值、实际 LED 的状态切换、LED 新状态的显示等工作。因此，实际的 LED 状态切换只需要调用 switchLedStat()一个函数。

在 getLedStat()和 setLed()函数中都涉及到了文件的读写操作。

在 Qt 中，读写文件有 3 种方法：

第 1 种是 C++的文件读写方法，使用 ifstream、ofstream、fstream 类进行流式读写。

第 2 种方法，使用 Qt 特有的文件相关类进行文件读写。Qt 在 C++的基础上对文件读写方法进行了二次封装，定义了 QFile、QTextStream 等类。

第 3 种方法，C++全面兼容 C，前面章节中使用的 C 的文件读写方法完全可以原封不动地使用在 C++程序中。

本例使用的是第 1 种方法。

C++定义了 3 个最常用的文件读写类：fstream、ifstream、ofstream。fstream 用于可读可写的文件操作，ifstream 用于只读的文件操作，ofstream 用于只写的文件操作。ifstream 和 ofstream 都是在 fstream 的基础上派生而来，下面为了方便叙述，以 fstream 指代这三个类。

fstream 打开关联的文件后，就把文件的读写简化成流的读写。所谓“流”，类似生活中的河流，如果想往河流中倒水，只需要站在河流的上游把水倒进去；如果想从河流中取水，只需要面向河流流过来的方向把水接起来。程序设计中的流就是生活中的河流的模拟，流的引入在于简化对文件的读写操作。有了流之后，文件的读写就不需要使用读写函数，只需要在流的相应方向上“倒”或“接”数据即可。比如，从流 fled 中读一个字符型数据：

```
fled>>ledStat;
```

意为将 fled 流最前面的无符号字符数据接起来放到变量 ledStat 中。

写一个字符型数据到流 fled 中：

```
fled<<ledStat;
```

意为把变量 ledStat 中的无符号字符型数据倒入 fled 流中。

因为流代表着关联的文件，对流的读写就是对文件的读写。

在 switchLedStat()函数中，定义了一个只有 1 位是 1，而其余位是 0 的二进制字节变量 c。c 在初始值的基础上通过移位操作，最终 1 的位置正好是要操作的 LED 的对应位。在这里，变量 c 可以称为 LED 的掩码，也就是说，通过把需要操作的 LED 的对应位置 1，无关的 LED 对应位置 0，在操作过程中可以屏蔽掉无关的 LED 位，只影响相关的 LED 位。第 53 行的“^”

是位异或运算符。通过和掩码做位异或运算，把相应的 LED 位翻转（即 1 变 0，0 变 1），其他位保持原状。

showLesStat()函数里使用了 QLabel 指针。由于传过来的 LED 编号不同，需要操作的标签也不同，为了方便，先根据编号把对应标签保存到统一的指针变量 label。函数中变量 c 的作用和 switchLedStat()中的变量 c 是一样的，也是掩码。第 78 行的位与运算用于探测相应的 LED 位的状态（1 或者 0），并根据结果在对应的标签上显示不同的图片。

第 79 和 81 行通过调用标签本身的方法 setPixmap()显示图片。参数中的字符串是图片的文件名，文件名中包含了文件的路径。“./”表示当前目录，也就是说，图片文件和程序文件放置在同一目录。

有了前面的自定义方法的铺垫，LED 切换按钮的槽函数就变得非常简单，只需要调用 switchLedStat()函数并把相应的 LED 编号（1～4）传给函数即可。

把程序编译成 ARM Linux 版本，复制到嵌入式 Linux 系统上，并把图片文件放置在同一目录，从终端上运行程序，即可在触摸屏上看到程序的图形界面和预期的效果。

小结

本章通过三个例子介绍了 Qt 的基础使用。Qt 编程是一个系统的知识，要完整的介绍 Qt，至少需要一整本书的份量。由于篇幅的限制，本章只是给读者朋友提供了 Qt 的一个初步概念，有需要深入学习 Qt 的读者朋友请参阅相关的资料和书籍。

思考与练习

1. 查阅相关资料，了解 Qt 开发环境的部署和 Qt/E 的移植和部署。
2. 查阅相关资料，进一步理解 Qt 框架。
3. 查阅相关资料，了解 Qt 的自定义信号和槽。

附录 1　常用标准输入输出函数

- 字符输入

函数原型	int getchar(void);
函数功能	从标准输入（通常是键盘，下同）读入一个字符
所需头文件	stdio.h
函数参数	无
函数返回值	成功：字符的 unsigned char 的整数形式 失败：EOF

- 字符输出

函数原型	int putchar(int c);
函数功能	向标准输出（通常是屏幕）显示一个字符
所需头文件	stdio.h
函数参数	c：需要在屏幕上显示的字符
函数返回值	成功：字符的 ASCII 值的整数形式，即参数 c 失败：EOF

- 字符串输入

函数原型	char * gets(char *s);
函数功能	从标准输入读入一个字符串，字符串以回车结束，中间可以包含空格和制表符
所需头文件	stdio.h
函数参数	s：用于保存输入字符串的缓冲区，通常是一个字符数组
函数返回值	成功：s 失败：NULL
备注	该函数并不对缓冲区 s 作边界检查，如果输入的字符串过长，gets 会越界存储，从而导致进程崩溃，影响系统的稳定性。所以，建议不要使用该函数

- 字符串输出

函数原型	int puts(const char *s);
函数功能	向标准输出显示一个字符串，并在字符串末尾输出换行符
所需头文件	stdio.h
函数参数	s：需要在屏幕上显示的字符串
函数返回值	成功：非负整数 失败：EOF

● 格式化输入

函数原型	int scanf(const char *format,...);
函数功能	从标准输入读入格式化的数据，所谓格式化，是指可以指定数据类型和格式。比如指定读入的数据是整型，或者浮点数，也可以指定浮点数的小数位数
所需头文件	stdio.h
函数参数	格式输入表达式
函数返回值	成功：与格式化表达式相匹配的输入项的数目 失败：EOF

● 格式化输出

函数原型	int printf(const char *format,...);
函数功能	向标准输出显示格式化的数据，格式化的含义同 scanf()
所需头文件	stdio.h
函数参数	格式化输出表达式
函数返回值	成功：在标准输出上显示的字符数（包括换行符等不可见字符，但不包括字符串结束标志'\0'） 失败：负整数

附录 2　基于句柄的文件读写函数

● 打开文件

函数原型	int open(const char *pathname,int flags); int open(const char *pathname,int flags,mode_t mode);	
函数功能	为读或写打开一个文件	
所需头文件	fcntl.h	
函数参数	pathname	被打开的文件名（可包含路径）
	flags	访问模式，可选值： O_RDONLY：只读 O_WRONLY：只写 O_RDWR：读写 O_CREAT：如果文件不存在，则新建该文件 O_APPEND：以追加模式打开，所写内容追加到文件尾 O_TRUNC：清空原文件内容，把文件长度置为 0 flags 可选值较多，不在这里一一列出，请参考 Linux C 随机文档。除互斥值外，不同的可选值可以使用位或运算符“|”组合
	mode	新建文件的权限
函数返回值	成功：被打开文件的句柄 失败：－1	

● 新建文件

函数原型	int creat(const char *pathname,mode_t mode);
函数功能	等同于 flags 为 O_WRONLY|O_CREAT|O_TRUNC
所需头文件	fcntl.h
函数参数	同 open()
函数返回值	成功：新建文件的句柄 失败：－1

● 关闭文件

函数原型	int close(int fd);
函数功能	关闭打开的文件，释放相关资源
所需头文件	unistd.h
函数参数	fd：需要关闭的文件的句柄
函数返回值	0：成功；－1：出错

- 读文件

<table>
<tr><td>函数原型</td><td colspan="2">ssize_tread(int fd,void *buff,size_t count);</td></tr>
<tr><td>函数功能</td><td colspan="2">从文件读入字节数据</td></tr>
<tr><td>所需头文件</td><td colspan="2">unistd.h</td></tr>
<tr><td rowspan="3">函数参数</td><td>fd</td><td>文件句柄</td></tr>
<tr><td>buff</td><td>用于保存读入的数据的缓冲区</td></tr>
<tr><td>count</td><td>计划读入的字节数</td></tr>
<tr><td>函数返回值</td><td colspan="2">成功：实际读入的字节数（0 表示到达文件尾）
失败：－1</td></tr>
</table>

- 写文件

函数原型	ssize_twrite(int fd,void *buff,size_t count);
函数功能	往文件写入字节数据
所需头文件	unistd.h
函数参数	同 read()
函数返回值	成功：实际写入的字节数 失败：－1

- 移动文件指针

<table>
<tr><td>函数原型</td><td colspan="2">off_tlseek(int fd,off_t offset,int whence);</td></tr>
<tr><td>函数功能</td><td colspan="2">移动文件指针到指定位置</td></tr>
<tr><td>所需头文件</td><td colspan="2">unistd.h</td></tr>
<tr><td rowspan="3">函数参数</td><td>fd</td><td>文件句柄</td></tr>
<tr><td>offset</td><td>以字节为单位的偏移量，可正可负，正数表示从基点往文件尾方向移动，负数表示从基点往文件头方向移动</td></tr>
<tr><td>whence</td><td>移动指针时的基点，有 3 个可选值：
SEEK_SET：文件头
SEEK_CUR：当前位置
SEEK_END：文件尾</td></tr>
<tr><td>函数返回值</td><td colspan="2">成功：移动后的指针位置
失败：－1</td></tr>
</table>

附录 3　基于流的文件读写函数

- 打开文件流

<table>
<tr><td>函数原型</td><td colspan="2">FILE * fopen(const char *path,const char *mode);</td></tr>
<tr><td>函数功能</td><td colspan="2">为读或写打开一个文件流</td></tr>
<tr><td>所需头文件</td><td colspan="2">stdio.h</td></tr>
<tr><td rowspan="2">函数参数</td><td>path</td><td>需要打开的文件名（可包含路径）</td></tr>
<tr><td>mode</td><td>打开模式</td></tr>
<tr><td>函数返回值</td><td colspan="2">成功：FILE 指针
失败：NULL</td></tr>
</table>

mode 取值说明	
r 或 rb	打开只读文件流，文件必须存在，其中 b 指代二进制格式（下同）
r+或 r+b	打开可读写的文件流，文件必须存在
w 或 wb	打开只写文件流。若文件存在则把原内容清空，若文件不存在则建立该文件
w+可 w+b	打开可读写文件流。若文件存在则把原内容清空，若文件不存在则建立该文件
a 或 ab	以添加的方式打开只写文件流。若文件存在则定位到文件尾，新写入的内容添加到文件尾；若文件不存在则建立该文件
a+或 a+b	以添加的方式打开读写文件流。若文件存在则定位到文件尾，新写入的内容添加到文件尾；若文件不存在则建立该文件

函数原型	FILE * fdopen(int fd,const char *mode);
函数功能	以流的形式使用原来以句柄方式打开的文件
所需头文件	stdio.h
函数参数	fd：需要使用流的已打开文件的句柄 mode 同 fopen()
函数返回值	成功：FILE 指针 失败：NULL

函数原型	FILE * freopen(const char *path,const char *mode,FILE *stream);
函数功能	打开 path 指定的文件，并与 stream 流关联。如果 stream 事先存在，则先关闭原来的流
所需头文件	stdio.h
函数参数	同 fopen()
函数返回值	成功：FILE 指针 失败：NULL

● 关闭文件流

函数原型	int fclose(FILE *fp);
函数功能	把缓冲区的内容写入文件，关闭文件流，释放相关资源
所需头文件	stdio.h
函数参数	fp：已打开的文件流指针
函数返回值	成功：0；出错：EOF

● 从流读记录

函数原型	size_t fread(void * ptr,size_t size,size_t nmemb,FILE * stream);	
函数功能	从文件流读入一个或多个记录	
所需头文件	stdio.h	
函数参数	ptr	用于保存读入数据的缓冲区
	size	记录的大小
	nmemb	需要读取的记录数
	stream	要读取的文件流
函数返回值	成功：实际读到的记录数 失败：0	

● 向流写记录

函数原型	size_t fwrite(const void * ptr,size_t size,size_t nmemb,FILE * stream);
函数功能	向文件流写入一个或多个记录
所需头文件	stdio.h
函数参数	同 fread()
函数返回值	成功：实际写入的记录数 失败：0

● 从流读字符

函数原型	int fgetc(FILE * stream);
函数功能	从文件流读入一个字符
所需头文件	stdio.h
函数参数	stream：要读取的文件流
函数返回值	成功：字符的 unsigned char 的整数形式 失败：EOF

- 向流写字符

函数原型	int fputc(int c,FILE * stream);
函数功能	向文件流写入一个字符
所需头文件	stdio.h
函数参数	c：需要写入文件流的字符的 unsigned char 的整数形式 stream：要写入的文件流
函数返回值	成功：字符的 unsigned char 的整数形式 失败：EOF

- 从流读字符串

函数原型	char *fgets(char * s,int size,FILE * stream);	
函数功能	从文件流读入一个字符串，遇到换行或者文件尾则结束。函数自动在字符串末尾加上字符串结束标志'\0'	
所需头文件	stdio.h	
函数参数	s	字符串缓冲区
	size	要读入的最大字符串长度
	stream	要读取的文件流
函数返回值	成功：s 失败：EOF	

- 向流写字符串

函数原型	int fputs(char * s,int size,FILE * stream);	
函数功能	向文件流写入一个字符串（不包括字符串末尾的结束标志'\0'）	
所需头文件	stdio.h	
函数参数	s	要写入的字符串
	stream	要写入的文件流
函数返回值	成功：正整数 失败：EOF	

- 从流格式化输入

函数原型	int fscanf(FILE *stream, const char *format,...);	
函数功能	从文件流读入格式化的数据	
所需头文件	stdio.h	
函数参数	stream	文件流
	format	格式化表达式
函数返回值	成功：与格式化表达式相匹配的输入项的数目 失败：EOF	

● 向流格式化输出

函数原型	int fprintf(FILE *fp, const char *format,...);	
函数功能	向文件流写入格式化的数据	
所需头文件	stdio.h	
函数参数	stream	文件流
	format	格式化表达式
函数返回值	成功：写入的字符数（包括换行符等不可见字符，但不包括字符串结束标志'\0'） 失败：负整数	

● 移动文件指针

函数原型	int fseek(FILE *stream,long offset,int whence);	
函数功能	移动文件指针到指定位置	
所需头文件	unistd.h	
函数参数	stream	文件流
	offset	以字节为单位的偏移量，可正可负，正数表示从基点往文件尾方向移动，负数表示从基点往文件头方向移动。
	whence	移动指针时的基点，有 3 个可选值： SEEK_SET：文件头 SEEK_CUR：当前位置 SEEK_END：文件尾
函数返回值	成功：0 失败：－1	

附录 4　基于套接字的网络通信函数

- 数据字节序转换

函数原型	uint16_t htons(uint16_t hostshort);
	uint32_t htonl(uint32_t hostlong);
	uint16_t ntohs(uint16_t netshort);
	uint32_t ntohl(uint32_t netlong);	

函数功能	分别对 16 位和 32 位整数的字节序进行转换。其中，函数名中的“h”代表主机，“n”代表网络，“s”代表短数据（16 位），“l”代表长数据（32 位）。“htons”的意思是把短数据从主机字节序转换成网络字节序。程序员使用这些字节序转换函数时并不需要关心主机的数据字节序与网络上的数据字节序是否一致。如果不一致，函数进行相应的转换，如果一致，函数把数据原样返回	
所需头文件	arpa/inet.h	
函数参数	hostshot	主机字节序的 16 位数据
	hostlong	主机字节序的 32 位数据
	netshort	网络字节序的 16 位数据
	netlong	网络字节序的 32 位数据
函数返回值	成功：返回转换结果 失败：－1	

- 地址格式转换

函数原型	int inet_pton(int af, const char *src, void *dst);	
函数功能	把点分十进制地址（IPv4）或冒分十六进制地址（IPv6）转换成计算机内部使用的二进制格式	
所需头文件	arpa/inet.h	
函数参数	af	地址类型，可取两个值：AF_INET 表示 IPv4，AF_INET6 表示 IPv6
	srcr	点分十进制或冒分十六进制格式的 IP 地址
	dst	用于保存转换后的二进制格式的地址的缓冲区
函数返回值	1：成功 0：src 不是有效的字符串格式地址 －1：出错	

函数原型	const char *inet_ntop(int af, void *src, const char *dst, socklen_t size);
函数功能	把计算机内部使用的二进制格式的 IP 地址转换成点分十进制地址（IPv4）或冒分十六进制地址（IPv6）

续表

所需头文件	arpa/inet.h	
函数参数	af	同 inet_pton()
	src	需要转换的二进制格式的地址
	dst	用于保存转换后的字符串格式的地址的缓冲区
	size	缓冲区的大小
函数返回值	成功：dst 失败：NULL	

- 获取主机信息（主要是主机名<包括本地名字和域名>与主机地址）

函数原型	struct hostent *gethostbyname(const char *name);
函数功能	通过主机名获得主机信息
所需头文件	netdb.h
函数参数	name：主机名
函数返回值	成功：hostent 类型的指针 失败：NULL

函数原型	struct hostent *gethostbyaddr(const void *addr,socklen len,int type);
函数功能	通过地址获得主机信息
所需头文件	sys/socket.h
函数参数	addr：存储地址的结构体 len：addr 大小 type：地址类型，同 inet_pton()
函数返回值	成功：hostent 类型的指针 失败：NULL

函数原型	int getaddrinfo(const char *node, const char *service, const struct addrinfo *hints, struct addrinfo **res);	
函数功能	获得某一地址的详细信息	
所需头文件	sys/types.h sys/socket.h netdb.h	
函数参数	node	需要获得地址信息的主机名和地址
	service	服务名（指传输层定义的公共服务名，比如 http、telnet、ssh 等）或十进制格式的端口号字符串

续表

函数参数	hints	检索条件
	res	返回结果
函数返回值	成功：0 失败：－1	

与主机信息相关的数据结构：

```
struct hostent
{
char * h_name;
char ** h_aliases;
int h_addrtype;
int h_length;
char ** h_addr_list;
};

struct addrinfo
{
int ai_flags;
int ai_family;
int ai_socktype;
int ad_protocol;
size_t ai_addrlen;
struct sockaddr * ai_addr;
char * ai_canonname;
struct addrinfo * ai_next;
};
```

- 建立 socket

函数原型	int socket(int domain,int type,int protocol);	
函数功能	向操作系统申请建立一个 socket，操作系统为 socket 分配相关资源。获得的 socket 尚未指定地址和端口等信息	
所需头文件	sys/types.h sys/socket.h	
函数参数	domain	所采用协议，常用值： AF_INET：IPv4 AF_INET6：IPv6 其他可选值请参与 Linux C 随机文档
	type	套接字类型，可选值： SOCK_STREAM：基于 TCP 的流套接字 SOCK_DGRAM：基于 UDP 的数据报套接字 SOCK_RAW：使用 IP 或 ICMP 等底层协议的原始套接字
	protocol	0（原始套按字除外）
函数返回值	成功：套接字句柄 失败：－1	

- 给套接字绑定地址信息

<table>
<tr><td>函数原型</td><td colspan="2">int bind(int sockfd,const struct sockaddr *addr,socklen_t addrlen);</td></tr>
<tr><td>函数功能</td><td colspan="2">为套接字绑定本机地址和端口等信息（统称地址信息）</td></tr>
<tr><td>所需头文件</td><td colspan="2">sys/types.h
sys/socket.h</td></tr>
<tr><td rowspan="3">函数参数</td><td>sockfd</td><td>套接字句柄</td></tr>
<tr><td>addr</td><td>本机地址信息</td></tr>
<tr><td>addrlen</td><td>地址信息长度</td></tr>
<tr><td>函数返回值</td><td colspan="2">成功：0
失败：－1</td></tr>
</table>

地址信息数据结构：

```
struct sockaddr
{
sa_family_t sa_family;
char sa_data[14];
};

struct sockaddr_in
{
unsigned short sa_family;
in_port_t sin_port;
struct in_addr sin_addr;
unsigned char sin_zero[8];
};
```

struct sockaddr 与 struct sockaddr_in 等效，按需使用。由于 struct sockaddr_in 独立书写端口和 IP 在实际应用中更为方便，故常用 struct sockaddr_in。

```
struct in_addr
{
in_addr_t s_addr;
};
```

- 侦听

<table>
<tr><td>函数原型</td><td colspan="2">int listen(int sockfd,int backlog);</td></tr>
<tr><td>函数功能</td><td colspan="2">服务器端使用指定的套接字开始侦听客户机的连接请求</td></tr>
<tr><td>所需头文件</td><td colspan="2">sys/types.h
sys/socket.h</td></tr>
<tr><td rowspan="2">函数参数</td><td>sockfd</td><td>套接字句柄</td></tr>
<tr><td>backlog</td><td>请求队列中允许的最大请求数，大多数系统默认为 5</td></tr>
<tr><td>函数返回值</td><td colspan="2">成功：0
失败：－1</td></tr>
</table>

● 接受连接

<table>
<tr><td>函数原型</td><td colspan="2">int accept(int sockfd,struct sockaddr *addr, socklen_t *addrlen);</td></tr>
<tr><td>函数功能</td><td colspan="2">服务器端接受客户机的连接请求，建立连接</td></tr>
<tr><td>所需头文件</td><td colspan="2">sys/types.h
sys/socket.h</td></tr>
<tr><td rowspan="3">函数参数</td><td>sockfd</td><td>服务器端套接字句柄</td></tr>
<tr><td>addr</td><td>用来保存客户机的地址信息</td></tr>
<tr><td>addrlen</td><td>addrlen 是一个返回值类型的参数，调用函数时传入 addr 的长度，调用成功时变成实际的客户机地址信息长度</td></tr>
<tr><td>函数返回值</td><td colspan="2">成功：连接套接字句柄
失败：－1</td></tr>
</table>

● 连接

<table>
<tr><td>函数原型</td><td colspan="2">int connect(int sockfd,struct sockaddr *serv_addr, socklen_t addrlen);</td></tr>
<tr><td>函数功能</td><td colspan="2">客户机连接服务器</td></tr>
<tr><td>所需头文件</td><td colspan="2">sys/types.h
sys/socket.h</td></tr>
<tr><td rowspan="3">函数参数</td><td>sockfd</td><td>客户机端的套接字句柄</td></tr>
<tr><td>serv_addr</td><td>服务器的地址信息</td></tr>
<tr><td>addrlen</td><td>地址信息长度</td></tr>
<tr><td>函数返回值</td><td colspan="2">成功：连接句柄
失败：－1</td></tr>
</table>

● 发送数据

<table>
<tr><td>函数原型</td><td colspan="2">int send(int sockfd,const void *buf, size_t len, int flags);</td></tr>
<tr><td>函数功能</td><td colspan="2">使用已建立的连接发送数据</td></tr>
<tr><td>所需头文件</td><td colspan="2">sys/types.h
sys/socket.h</td></tr>
<tr><td rowspan="4">函数参数</td><td>sockfd</td><td>连接句柄</td></tr>
<tr><td>buf</td><td>要发送的数据缓冲区指针</td></tr>
<tr><td>len</td><td>数据长度</td></tr>
<tr><td>flags</td><td>一般为 0</td></tr>
<tr><td>函数返回值</td><td colspan="2">成功：发送的字符数
失败：－1</td></tr>
</table>

函数原型	int sendto(int sockfd,const void *buf, size_t len, int flags, const struct sockaddr *dest_addr, socklen_t addrlen);
函数功能	使用已建立的连接发送数据

续表

所需头文件	sys/types.h sys/socket.h	
函数参数	sockfd	套接字句柄
	msg	要发送的数据缓冲区指针
	len	数据长度
	flags	一般为 0
	dest_addr	目标主机的地址信息
	addrlen	目标主机地址信息长度
函数返回值	成功：发送的字符数 失败：－1	

- 接收数据

函数原型	int recv(int sockfd, void *buf, size_t len, int flags);	
函数功能	使用已建立的连接接收数据	
所需头文件	sys/types.h sys/socket.h	
函数参数	sockfd	连接句柄
	buf	接收数据缓冲区
	len	缓冲区大小
	flags	一般为 0
函数返回值	成功：接收的字节数 失败：－1	

函数原型	int recvfrom(int sockfd, void *buf, size_t len, int flags const struct sockaddr *src_addr, socklen_t addrlen);	
函数功能	使用已建立的连接接收数据	
所需头文件	sys/socket.h	
函数参数	sockfd	连接句柄
	buf	接收数据缓冲区
	len	缓冲区大小
	flags	一般为 0
	src_addr	源主机的地址信息
	addrlen	地址信息长度
函数返回值	成功：接收的字节数 失败：－1	